乡村学系列教材与导读丛书

乡村综合体构建的理论与案例

——基于村庄发展建设规划理论与实践

冯永忠◎著

中国农业出版社

北　京

内容简介

　　乡村是集生产生活为一体的复杂社会、经济、生态系统，是五千年来中国传统文化传统农耕文化产生、发展和传承的主要载体，是生产和提供人类粮食、蔬菜、奶畜产品的前沿阵地，过去如此，现在依然如此。但是随着社会经济、科技的发展，乡村由传统农业社会比较单一的以种植业、养殖业为主导的类型，逐渐演化出了农旅融合、城郊结合、文化传承、乡村工业等不同的类型，而且，随着城镇化的发展，乡村的功能随着社会经济、科技的发展，其类型和所承载的功能必将进一步分化。党的十九大报告指出，乡村振兴战略是今后"三农"工作的主要抓手；党的二十大报告提出全面推动乡村振兴，2021年、2022年、2023年中央1号文件明确提出乡村建设行动计划，将村庄规划纳入乡村建设的重点任务。中国有55万个乡村，哪些需要建设、建设什么内容、怎么建设，是当前迫切需要解决的问题。为此，在对西北乡村调查研究的基础上，提出"乡村综合体"的理念，系统梳理乡村综合体的概念、内涵和建设的内容，将乡村聚落、乡村产业、乡村生态、乡村文化、乡村基础设施建设、乡村服务设施建设、乡村治理等统筹考虑，从综合体的角度系统规划乡村，构建乡村综合体，服务乡村建设。本书可以作为农业类规划设计、乡村管理本科生、研究生及从事乡村振兴相关管理人员的教材和指导书。

　　本书受教育部哲学社会科学研究后期资助项目一般项目"乡村综合体构建的理论与案例——基于村庄发展建设规划理论与实践（22JHQ100）"资助，特表感谢！

"乡村学系列教材与导读丛书"
编 委 会

《乡村综合体构建的理论与案例
——基于村庄发展建设规划理论与实践》
课题组成员

课题组负责人：杨改河　教授　宏观农业

课题组成员：冯永忠　博士　教　授　农业区域发展与规划

　　　　　　韩新辉　博士　教　授　生态学

　　　　　　任广鑫　博士　副教授　作物栽培学与耕作学

　　　　　　王晓娇　博士　副教授　生态循环农业

　　　　　　任成杰　博士　教　授　农业生态学

　　　　　　王　兴　博士　副教授　耕作学

序

民族要复兴，乡村必振兴。乡村是我国食物生产的重要保障基地，是几千年来中华民族从事农业生产、居家生活和文化传承的重要载体，是人类生产系统、生态系统和文化系统交汇的地理单元。党的十九大报告提出了乡村振兴的伟大战略，擘画了乡村振兴的战略目标，提出乡村振兴的二十字总要求，从产业振兴、人才振兴、生态振兴、文化振兴和组织振兴五个维度提出实现乡村振兴战略的路径；2022年党的二十大报告提出了全面推进乡村振兴战略的重要指示，乡村振兴成为我国建设农业强国的重要战略举措。如何高质量、科学推动乡村全面振兴，夯实粮食安全基础，建设美丽宜居乡村和实现共同富裕，是全党和全国人民面临的共同使命。

乡村是一个复杂的自然、社会和经济系统，长期以来，国内外关于乡村的研究分散在不同的学科之中，如与乡村生产相关的主要是作物学、农业经济等学科，与乡村住宅相关的主要是城乡规划、风景园林规划等学科，与乡村社会相关的研究主要是乡村社会学等学科。乡村作为一个集农业生产、农民生活、文化传承为一体的综合地理空间，纵观国内外，并没有将乡村作为一个系统的研究对象，也没有专门将乡村作为一个独立的学科进行系统建设，而是分散在不同的学科领域。如何解决好我国乡村日益增长的美好生活需要和不平衡不充分的发展之间的矛盾？解决乡村发展过程中的产业发展、村庄规划、生态保护、文化传承、社区治理问题，需要集合规划学、作物学、社会学、农林经济管里、农业资源与环境等学科的理论与方法，构建新的知识体系、研究方向和研究方法，这需要在理论上突破、在实践上引领。

农林高校具有人才优势、学科优势和地缘优势，长期扎根"三农"一线，是服务乡村振兴战略的排头兵、先遣队。西北农林科技大学长期以来扎根乡村办大学，是我国布局在干旱半干旱地区的唯一一所农林类综合性大学，践行服务"三农"的重要使命。实施乡村振兴战略以来，学校把助力乡村振兴标杆建设作为学校服务国家战略，践行使命担当的重要战略任务，为此，开展了西北乡村大调查，撰写了调查报告，在此基础上，结合乡村振兴战略的需求和自身学科优势，充分借助世界学科交叉融合的发展趋势，汇聚农、林、水、工、信息和经管的学科优势，结合服务国家乡村振兴战略的使命担当和助力学校乡村振兴标杆建立的目标，提出在交叉学科门类下设立"乡村学"，从学科角度探索系统解决乡村振兴中的复杂问题。2021年乡村学顺利通过教育部备案，成为第一个以乡村为研究对象的学科。

教材是承载学科知识体系的载体，乡村学创立之后，2021年学校适时成立了乡村振兴学院，学院组织专人开展了乡村学科学知识体系、研究方向、人才培养体系和模式的系统研究，把教材作为乡村学学科建设和人才培养的重中之重。乡村振兴战略研究院执行院长杨改河教授根据乡村学的知识体系、科研方向和乡村振兴各类人才培养知识结构的需求，策划了以通识概论类、专业技术类两大类型为主的系列教材和导读丛书；其中通识概论类教材涵盖了《乡村学概论》《中国乡村变迁》《乡村文化概论》《乡村治理概论》《乡村生态环境概论》《乡村产业概论》《乡村基础设施概论》《乡村公共服务设施概论》《数字乡村概论》《农业农村现代化概论》等十部；专业技术类教材涵盖了《乡村规划学》《乡村环境景观规划设计》《乡村建筑》《乡村绿化》《实用作物生产技术》《实用动物（家畜禽）养殖技术》《蔬菜实用栽培技术》《干杂果经济林栽培》《乡村干部领导力》《中国乡村治理体系的方针与策略》《农业发展与农业文明》《乡村集体经济建设路径与案例》《乡村财务管理与会计》等二十部。学院成立了以吴普特校长、杨改河教授为主任的教材编写委员会，制订了教材出版计划、聘任行业专家为教材主编，有组织有计划地开展了教材的编写工作，成熟一本出版一本。

"尺寸课本、国之大者"。西北农林科技大学编写的乡村学系列教材和导读丛书，从教材编写体系、教材内容和目标来看，充分贯彻了党和国家的意志、适应了国家乡村振兴战略的需求、服务立德树人教育根本，是学校党委学习和领会习近平总书记给涉农高校书记校长专家回信精神的具体体现，是主动服务国家战略、践行国家使命的重大举措，为高校服务国家乡村振兴战略树立了样板、探索了路径。

2023 年 7 月

自序

　　党的十九大报告提出乡村振兴战略，是立足我国农业农村社会经济发展的现实需求，系统解决"三农"问题的重大战略举措，是今后我国开展"三农"工作的主战场；二十大报告提出全面推动乡村振兴战略指示。乡村振兴战略是建设中国式农业农村现代化、实现农业强国的重要战略举措；2017年当这个伟大的战略启动之后，作为一群从事"三农"工作的科技人员，我们积极投入到这一战略的实践之中，而我有幸担任学校西北乡村类型与特征大调查的技术总负责人之一，在杨改河教授的领导下，系统编制了西北大调查的实施方案，参与调查工作。那一段时间，守候在电脑旁边，解答着外面调研同学的问题，被他们敢于吃苦、勇于参与的精神所感动，为他们不畏艰险，长途跋涉调查偏远村庄的精神所鼓舞；从那一刻起，我意识到我们这个团队必将融入这个时代的这项伟大事业之中，小而言之，是我们借助服务国家战略的机遇，为那些驻守在乡村的父辈、兄弟们做出自己的贡献；大而言之，即为这个民族的复兴，贡献自己的力量。

　　民族要复兴，乡村必振兴。把乡村的振兴与民族的复兴紧密结合起来，切中了乡村振兴的重要性。我们谈乡村振兴，就必然有一个绕不开的话题。

　　首先，什么是乡村，是我们经常思考的问题。乡村是居民生活的场所，这是乡村最基础的最本质的特征，围绕着乡村，居民开展各类活动；乡村是居民从事农业生产的主战场，千百年来，中国的乡村聚落基本上围绕着农田而形成，错落有致的山区乡村与相对集中的平原村落，其本质是由于农田田块的聚集与分散而形成的，乡村聚落的布局与居民从事农业的便利有直接的关系；乡村是传统农耕文化产生、发展和传承的场所，在长期乡村生活的过程中，围绕着乡村生产，基于农业生产的文化在这一过程中产生，而且由于农业村落的固定性，一代一代传承下来，使得乡村成为文化传承的主要场所；乡村是农业科学技术革新的场所，乡村居民在长期从事农业生产的过程中，开展农作物品种筛选、栽培、农具的革新、畜力的驯化等，因此，乡村是传统农业社会中技术革新的场所。

　　其次，怎么振兴乡村，这是一个难题，可能一千个村有一千个答案，一千个人有一千个人的办法，这充分说明了乡村振兴的复杂性。在2021年、2022年、2023年中央1号文件提出全面推进乡村振兴战略实施的背景下，面对全国55万个乡村，哪些优先解决，哪些需要等待时机，这是一个既有现实意义又有理论价值的课题。

1

　　乡村既是一个地理单元，也是一级行政单元，是社会体系中最基础的生态经济单元和"细胞"。那么在乡村振兴过程中，乡村作为最基层的一级行政单元，如何进行系统构建，是当前乡村建设行动计划实施过程中村庄规划迫切需要解决的难题。长期以来，对农业农村的规划缺乏理论层面的探索，村庄规划偏重村庄的建筑规划以及村庄定位和风貌等方面的规划；农业的规划偏重于农业产业规划，缺乏规划体系，导致乡村基础设施建设、乡村风貌、乡村人居环境缺乏统一的标准和规划，村庄比较杂乱。

　　基于此，特提出乡村综合体概念，将村庄居住系统与农田生产系统结合起来，统筹规划，实现生态宜居、生产发展、景观秀美、生活富裕的乡村综合体系。

　　本书是作者所在团队从事乡村振兴调查、规划编制的理论积淀，系统梳理国家相关政策，分析农业农村农民问题的相关政策，结合团队在县域乡村振兴规划编制内容与规范的基础，针对乡村发展建设规划形成了理论总结与实践探索。编写过程中，杨改河教授从思路、框架和撰写体例给予了系统指导，三原县农业农村局陈军在调查过程中给予了大量支持；韩新辉教授、任广鑫副教授、王晓娇副教授、任成杰教授和王兴副教授在实地调查、材料搜集和规划案例编写方面给予了大力支持；研究生王怀洲、马玉芳、刘凯越、戴振忠、项舒敏、曹雅卓、智伯尧、李若兰、摆晶、宋佳杰、王艺晗、李世林、王芳、潘滢、赵国雄、马萍、阮国兵、郭峥岩、段嘉嘉、陈丹阳等在实地调查、资料搜集、规划案例编写、插图制作等方面付出了大量的工作；西北农林科技大学乡村振兴战略研究院、乡村振兴学院给予了大量的调查经费支持，使本书能够以最快的速度、最高的质量呈献给社会和广大读者，在此深表感谢。

　　全书共十章，从乡村综合体提出背景分析、乡村综合体概念结构功能、乡村综合体建设的理论与思路、乡村综合体的实践等，探索了乡村综合体规划编制、模式构建的基本理论。上篇理论部分由冯永忠负责，韩新辉、任广鑫、王晓娇、任成杰和王兴等执笔撰写，研究生陈丹阳和王怀洲参与资料的搜集整理，段嘉嘉参与插图绘制，下篇案例部分，研究生戴振忠、宋佳杰、李世林、摆晶、智伯尧、郭争岩、马玉芳、潘滢、阮国兵、马萍参与编写，全书由冯永忠统稿，杨改河教授审阅。该书可以作为乡村振兴过程中，服务最基层乡村规划的理论指导。本书在编写过程中参考了国内外相关研究，对此表示感谢。本书亦受到中国建设银行杨凌示范区支行的资助，深表感谢！

冯永忠

2022 年 3 月 18 日于陕西杨凌

目录

上篇

乡村综合体理论体系构建

第一章

乡村综合体提出的背景

第一节　乡村发展演变

乡村是集农业生产、居民生活、文化活动要素为一体的空间组合，在几千年的发展与演变过程中，乡村是中国传统农业技术产生、革新、实践、传承的载体，是中国传统农耕文化发生、演变、传承的载体，是中华民族勤劳、质朴、修身、齐家的精神家园，是承载中国乡愁文化的基因。

近百年来，随着中国社会的剧烈变革，尤其是改革开放 40 年来，农业在中国经济结构中的比例持续下降，第二、第三产业及城市化、城镇化兴起，对中国传统的乡村社会产生了剧烈的影响，乡村人口流失、劳动力短缺、田陌荒芜、留守妇女、留守儿童、环境污染等成为这个时代乡村最真实的写照，乡村很难再承载先进农业生产技术与农耕文化传承，很难成为国人修身、齐家的精神家园，仅仅是身处闹市打工者的乡愁和记忆。乡村因 1978 年农村联产承包责任制改革而繁荣，也因改革开放中城乡非均衡发展而逐渐走向衰落。

自 1978 年至今，中国乡村改革围绕着"三农"问题经历了 1978—1986 年的探索突破时期、1987—1997 年的相对缓慢增长时期、1998—2011 年的重点推进时期和党的十八大以来的全面深化时期四个阶段（光明网：农村改革发展的"过去时""现在时"与"未来时"——改革开放以来农村改革政策脉络梳理与展望）。在不同的历史阶段，围绕"三农"问题，党和政府采取了废除"政社合一"的人民公社，实行家庭联产承包*责任制，大力发展乡镇企业；坚持以家庭联产承包为主的责任制和统分结合的双层经营体制，发展农村社会化服务体系；采取"全面建设小康社会""统筹城乡经济社会发展""多予，少取，放活""工业反哺农业、城市支持农村""建设社会主义新农村"等系列大政方针。

---

*　1998 年 10 月 14 日党的十五届三中全会把"家庭联产承包"修改为"家庭承包经营"。

党的十八大以来，党中央坚持把解决好"三农"问题作为全党工作重中之重，城乡一体化发展是这一阶段解决"三农"问题的根本途径；进入新时代，党的十九大报告首次提出实施乡村振兴战略，指出"要坚持农业农村优先发展，按照产业兴旺、生态宜居、乡风文明、治理有效、生活富裕的总要求"。"乡村振兴"宏伟战略，正是这一系列探索的集成，是推动中国乡村发展的宏伟工程，对几千年来中国乡村产业、文化在传承的基础上，开展具有中国特色的乡村建设工作，是中国城乡统筹发展的重要战略构成，是让乡村分享中国四十年改革开放的成就，与城市一道成为改革开放的践行者、参与者和分享者。

第二节　乡村综合体发展需求及政策分析

一、乡村综合体建设需求

2021 年、2022 年和 2023 年中央 1 号文件明确提出乡村建设行动计划，其中村庄规划为乡村建设行动计划的重要内容；2023 年中共中央办公厅、国务院办公厅印发《乡村建设行动实施方案》，把"加强乡村规划建设管理"作为乡村建设的第一任务。当前我国有近 70 万个行政村，近 262 万个自然村落，分布在全国不同的生态类型区，其地理位置、生态环境、人口规模、产业结构、文化、宗教、民俗等本底背景值怎么样，并不清楚；在乡村建设中，需要建设多少乡村，布局在什么地方、哪些需要优先建设；村庄层面的规划怎么做，如何构建才能实现产业振兴、生态宜居、文化传承、治理有效、生活富裕，为此，乡村综合体的概念被提出，将乡村聚落、乡村生产统筹规划。

二、乡村综合体建设的政策演变

（一）历届中央 1 号文件关于乡村建设的政策梳理

❶ 2023 年中央 1 号文件进一步深化乡村建设要求

主要包括四大内容：加强村庄规划建设。坚持县域统筹，支持有条件有需求的村庄分区分类编制村庄规划，合理确定村庄布局和建设边界。将村庄规划纳入村级议事协商目录。规范优化乡村地区行政区划设置，严禁违背农民意愿撤并村庄、搞大社区。推进以乡镇为单元的全域土地综合整治。积极盘活存量集体建设用地，优先保障农民居住、乡村基础设施、公共服务空间和产业用地需求，出台乡村振兴用地政策指南。编制村容村貌提升导则，立足乡土特征、地域特点和民族特色提升村庄风貌，防止大拆大建、盲目建牌楼亭廊"堆盆景"。实施传统村落集中连片保护利用示范，建立完善传统村落调查认定、撤并前置审查、灾毁防范等制度。制定农村基本具备现代生活条件建设指引。扎实推进农村人居环境整治提升。加大村庄公共空间整治力度，持续开展村庄清洁行动。巩固农村户厕问题摸排整改成果，引导农民开展户内改厕。加强农村公厕建设维护。以人口集中村镇和水源保护区周边村庄为重点，分类梯次推进农村生活污水治理。推动农村生活垃圾源头分类减量，及时清运处置。推进厕所粪污、易腐烂垃圾、有机废弃物就近就地资源化利用。持续开展爱国卫生运动。持续加强乡村基础设施建设。加强农村公路养护和安全管理，推动与沿线配套设施、产业园区、旅游景区、乡村旅游重点村一体化建设。推进农村规模化供水工程建设和小型供水工程标准化改造，开展水质提升专项行动。推进农村电网巩固提升，发展农村可再生能源。支持农村危房改造和抗震改造，基本完成农房安全隐患排查整治，建立全过程监管制度。开展现代宜居农房建设示范。深入实施数字乡村发展行动，推动数字化应用场景研发推广。加快农业农村大数据应用，推进智慧农业发展。落实村庄公共基础设施管护责任。加强农村应急管理基础能力建设，深入开展乡村交通、消防、经营性自建房等重点领域风险隐患治理攻坚。提升基本公共服务能力。推动基本公共服务资源下沉，着力加强薄弱环节。推进县域内义务教育优质均衡发展，提升农村学校办学水平。落实乡村教师生活补助政策。推进医疗卫生资源县域统筹，加强乡村两级医疗卫生、医疗保障服务能力。统筹解决乡村医生薪酬分配和待遇保障问题，推进乡村医生队伍专业化规范化。提高农村传染病防控和应急处置能力。做好农村新冠疫情防控工作，层层压实责任，加强农村老幼病残孕等重点人群医疗保障，最大程度维护好农村居民身体健康和正常生产生活秩序。优化低保审核确认流程，确保符合条件的困难群众"应保尽保"。深化农村社会工作服务。加快乡镇区域养老服务中心建设，推广日间照料、互助养老、探访关爱、老年食堂等养老服务。实施农村妇女素质提升计划，加强农村未成年人保护工作，健全农村残疾人社会保障制度和关爱服务体系，关心关爱精神障碍人员。

❷ 2022 年将乡村建设列为全面推进乡村振兴的重点工作

具体内容包括：健全乡村建设实施机制，启动乡村建设行动实施方案，因地制宜、有力有序推进。接续实施农村人居环境整治提升五年行动。从农民实际需求出发推进农村改厕，分区分类推进农村生活污水治理，优先治理人口集中村庄，加快推进农村黑臭水体治理，推进生活垃圾源头分类减量，加强村庄有机废弃物综合处置利用设施建设，推进就地利用处理，深入实施村庄清洁行动和绿化美化行动。扎实开展重点领域农村基础设施建设，有序推进乡镇通三级及以上等级公路、较大人口规模自然村（组）通硬化路，实施农村公路安全生命防护工程和危桥改造，推进农村供水工程建设改造，深入实施农村电网巩固提升工程，推进农村光伏、生物质能等清洁能源建设，实施农房质量安全提升工程。大力推进数字乡村建设，推进智慧农业发展，加强农民数字素养与技能培训，加快推动数字乡村标准化建设，加强农村信息基础设施建设。加强基本公共服务县域统筹，加快推进以县城为重要载体的城镇化建设，实施新一轮学前教育行动计划，深入推进紧密型县域医疗卫生共同体建设，落实对特殊困难群体参加城乡居民基本医保的分类资助政策，提升县级敬老院失能照护能力和乡镇敬老院集中供养水平，健全分层分类的社会救助体系，健全基层党员、干部关爱联系制度。

❸ 2021 年提出大力实施乡村建设行动

党的十九届五中全会审议通过的《中共中央关于制定国民经济和社会发展第十四个五年规划和二〇三五年远景目标的建议》，对新发展阶段优先发展农业农村、全面推进乡村振兴作出总体部署，表明了党中央始终坚持把解决好"三农"问题作为全党工作重中之重，把全面推进乡村振兴作为实现中华民族伟大复兴的一项重大任务的决心，同时也为做好当前和今后一个时期"三农"工作指明了方向。包括实现巩固拓展脱贫攻坚成果同乡村振兴有效衔接、加快推进农业现代化、大力实施乡村建设行动、加强党对"三农"工作的全面领导四个基本方向。其中，针对乡村建设行动首先强调乡村建设核心是为农民而建，要因地制宜、稳扎稳打，不刮风搞运动。严格规范村庄撤并，不得违背农民意愿、强迫农民上楼，把好事办好、把实事办实。

具体包括八点要求：①加快推进村庄规划工作。②加强乡村公共基础设施建设。继续把公共基础设施建设的重点放在农村，着力推进往村覆盖、往户延伸。实施农村道路畅通工程、供水保障工程、加大电网建设力度、数字乡村建设发展工程等综合服务设施提升工程。加强乡村公共服务、社会治理等数字化智能化建设。③实施农村人居环境整治提升五年行动。分类有序推进农村厕所革命，深入推进村庄清洁和绿化行动。开展美丽宜居村庄和美丽庭院示范创建活动。④提升农村基本公共服务水平。建立城乡公共资源均衡配置机制，强化农村基本公共服务供给县乡村统筹，逐步实现标准统一、制度并轨。推进城乡公共文化服务体系一体建设，创新实施文化惠民工程。⑤全面促进农村消费。完善农村生活性服务业支持政策，发展线上线下相结合的服务网点，推动便利化、精细化、品质化发展，满足农村居民消费升级需要，吸引城市居民下乡消费。⑥加快县域内城乡融合发展。推进以人为核心的新型城镇化，促进大中小城市和小城镇协调发展。⑦强化农业农村优先发展投入保障。继续把农业农村作为一般公共预算优先保障领域。中央预算内投资进一步向农业农村倾斜。⑧深入推进农村改革。完善农村产权制度和要素市场化配置机制，充分激发农村发展内生动力。坚持农村土地农民集体所有制不动摇，坚持家庭承包经营基础性地位不动摇。

❹ 2020 年提出对标全面建成小康社会加快补上农村基础设施和公共服务短板

具体包括八点要求：①加大农村公共基础设施建设力度。推动"四好农村路"示范创建提质扩面，启动省域、市域范围内示范创建。②提高农村供水保障水平。全面完成农村饮水安全巩固提升工程任务。统筹布局农村饮水基础设施建设，在人口相对集中的地区推进规模化供水工程建设。③扎实搞好农村人居环境整治。分类推进农村厕所革命、梯次推进农村生活污水治理等。④提高农村教育质量。⑤加强农村基层医疗卫生服务。推进标准化乡镇卫生院建设，改造提升村卫生室，消除医疗服务空白点。稳步推进紧密型县城医疗卫生共同体建设。⑥加强农村社会保障。适当提高城乡居民基本医疗保险财政补助和个人缴费标准。提高城乡居民基本医保、大病保险、医疗救助经办服务水平，地级市域范围内实现"一站式服务、一窗口办理、一单制结算"。⑦改善乡村公共文化服务。推动基本公共文化服务向乡村延伸，扩大乡村文化惠民工程覆盖面。⑧治理农村生态环境突出问题。

❺ 2019 年提出扎实推进乡村建设，加快补齐农村人居环境和公共服务短板

具体包括五点要求：①抓好农村人居环境整治三年行动。深入学习推广浙江"千村示范、万村整治"工程经验，全面推广以农村垃圾污水治理、厕所革命和村容村貌提升为重点的农村人居环境整治。②实施村庄基础设施建设工程。③提升农村公共服务水平。全面提升农村教育、医疗卫生、社会保障、养老、文化体育等公共服务水平，加快推进城乡基本公共服务均等化。④加强农村污染治理和生态环境保护。统筹推进山水林田湖草系统治理，推动农业农村绿色发展。⑤强化乡村规划引领。把加强规划管理作为乡村振兴的基础性工作，实现规划管理全覆盖。

❻ 2018 年提出提高农村民生保障水平，塑造美丽乡村新风貌

总体思路是：乡村振兴，生活富裕是根本。要坚持人人尽责、人人享有，按照抓重点、补短板、强弱项的要求，围绕农民群众最关心最直接最现实的利益问题，一件事情接着一件事情办，一年接着一年干，把乡村建设成为幸福美丽新家园。具体包括六点要求：①优先发展农村教育事业。高度重视发展农村义务教育，推动建立以城带乡、整体推进、城乡一体、均衡发展的义务教育发展机制。②促进农村劳动力转移就业和农民增收。健全覆盖城乡的公共就业服务体系，大规模开展职业技能培训，促进农民工多渠道转移就业，提高就业质量。③推动农村基础设施提档升级。继续把基础设施建设重点放在农村，加快农村公路、供水、供气、环保、电网、物流、信息、广播电视等基础设施建设，推动城乡基础设施互联互通。④加强农村社会保障体系建设。⑤推进健康乡村建设。强化农村公共卫生服务，加强慢性病综合防控，大力推进农村地区精神卫生、职业病和重大传染病防治。⑥持续改善农村人居环境。实施农村人居环境整治三年行动计划，以农村垃圾、污水治理和村容村貌提升为主攻方向，整合各种资源，强化各种举措，稳步有序推进农村人居环境突出问题治理。

❼ 2017 年提出补齐农业农村短板，夯实农村共享发展基础

具体包括四点要求：①持续加强农田基本建设。深入实施藏粮于地、藏粮于技战略，严守耕地红线，保护优化粮食产能。②深入开展农村人居环境治理和美丽宜居乡村建设。推进农村生活垃圾治理专项行动，实施农村新能源行动等。③提升农村基本公共服务水平。全面落实城乡统一、重在农村的义务教育经费保障机制，加强乡村教师队伍建设。④扎实推进脱贫攻坚，深入推进重大扶贫工程，强化脱贫攻坚支撑保障体系，统筹安排使用扶贫资源，注重提高脱贫质量，激发贫困人口脱贫致富积极性、主动性，建立健全稳定脱贫长效机制。

❽ 2016 年提出推动城乡协调发展，提高新农村建设水平

总体思路是：加快补齐农业农村短板，必须坚持工业反哺农业、城市支持农村，促进城乡公共资源均衡配置、城乡要素平等交换，稳步提高城乡基本公共服务均等化水平。

　　具体包括五点要求：①加快农村基础设施建设。把国家财政支持的基础设施建设重点放在农村，建好、管好、护好、运营好农村基础设施，实现城乡差距显著缩小。②提高农村公共服务水平。把社会事业发展的重点放在农村和接纳农业转移人口较多的城镇，加快推动城镇公共服务向农村延伸。③开展农村人居环境整治行动和美丽宜居乡村建设。遵循乡村自身发展规律，体现农村特点，注重乡土味道，保留乡村风貌，努力建设农民幸福家园，鼓励各地因地制宜探索各具特色的美丽宜居乡村建设模式。④推进农村劳动力转移就业创业和农民工市民化。健全农村劳动力转移就业服务体系，大力促进就地就近转移就业创业，稳定并扩大外出农民工规模，支持农民工返乡创业。⑤实施脱贫攻坚工程。实施精准扶贫、精准脱贫，因人因地施策，分类扶持贫困家庭，坚决打赢脱贫攻坚战。

❾ 2015年中央1号文件提出围绕城乡发展一体化，深入推进新农村建设

　　总体思路是：中国要美，农村必须美。繁荣农村，必须坚持不懈推进社会主义新农村建设。要强化规划引领作用，加快提升农村基础设施水平，推进城乡基本公共服务均等化，让农村成为农民安居乐业的美丽家园。

　　具体包括五点要求：①加大农村基础设施建设力度。确保如期完成"十二五"农村饮水安全工程规划任务，继续实施农村电网改造升级工程。加快推进西部地区和集中连片特困地区农村公路建设等。②提升农村公共服务水平。全面改善农村义务教育薄弱学校基本办学条件，提高农村学校教学质量。拓展重大文化惠民项目服务"三农"内容。③全面推进农村人居环境整治。完善县域村镇体系规划和村庄规划，强化规划的科学性和约束力。改善农民居住条件，搞好农村公共服务设施配套，推进山水林田路综合治理。④引导和鼓励社会资本投向农村建设。⑤加强农村思想道德建设。针对农村特点，围绕培育和践行社会主义核心价值观，深入开展中国特色社会主义和中国梦宣传教育，广泛开展形势政策宣传教育，提高农民综合素质，提升农村社会文明程度，凝聚起建设社会主义新农村的强大精神力量。⑥切实加强农村基层党建工作。

❿ 2014年中央1号文件提出健全城乡发展一体化体制机制

　　具体包括三点要求：①开展村庄人居环境整治。加快编制村庄规划，推行以奖促治政策，以治理垃圾、污水为重点，改善村庄人居环境。②推进城乡基本公共服务均等化。加快改善农村义务教育薄弱学校基本办学条件，推动县乡公共文化体育设施和服务标准化建设。继续提高新型农村合作医疗的筹资标准

和保障水平等。③加快推动农业转移人口市民化。积极推进户籍制度改革，建立城乡统一的户口登记制度，促进有能力在城镇合法稳定就业和生活的常住人口有序实现市民化。

⑪ 2013 年中央 1 号文件提出改进农村公共服务机制，积极推进城乡公共资源均衡配置

按照提高水平、完善机制、逐步并轨的要求，大力推动社会事业发展和基础设施建设向农村倾斜，努力缩小城乡差距，加快实现城乡基本公共服务均等化。

具体要求有四点：①加强农村基础设施建设。科学规划村庄建设，严格规划管理，合理控制建设强度，注重方便农民生产生活，保持乡村功能和特色。制定专门规划，启动专项工程，加大力度保护有历史文化价值和民族、地域元素的传统村落和民居。②大力发展农村社会事业。深入实施农村重点文化惠民工程，建立农村文化投入保障机制。③有序推进农业转移人口市民化。把推进人口城镇化特别是农民工在城镇落户作为城镇化的重要任务。④推进农村生态文明建设。加强农村生态建设、环境保护和综合整治，努力建设美丽乡村。发展乡村旅游和休闲农业。创建生态文明示范县和示范村镇。开展宜居村镇建设综合技术集成示范。

⑫ 2012 年中央 1 号文件提出改善设施装备条件，不断夯实农业发展物质基础

具体要求有四点：①坚持不懈加强农田水利建设。②加强高标准农田建设。③加快农业机械化。充分发挥农业机械集成技术、节本增效、推动规模经营的重要作用，不断拓展农机作业领域，提高农机服务水平。④搞好生态建设。巩固退耕还林成果，加快农业面源污染治理和农村污水、垃圾处理，改善农村人居环境等。

⑬ 2011 年中央 1 号文件提出推动水利改革发展

文件指导思想围绕着将水利作为国家基础设施建设的优先领域，把农田水利作为农村基础设施建设的重点任务，加快建设节水型社会，促进水利的可持续发展，努力走出一条中国特色水利现代化道路。具体建设要求均围绕水利改革：①大兴农田水利建设，其中对于西北地区极具指导意义的措施有积极发展旱作农业以及采用地膜覆盖、深松深耕、保护性耕作等技术。稳步发展牧区水利，建设节水高效灌溉饲草料地。②加快中小河流治理和小型水库除险加固。

③抓紧解决工程性缺水问题。④提高防汛抗旱应急能力。⑤继续推进农村饮水安全建设。⑥继续实施大江大河治理。⑦加强水资源配置工程建设。⑧搞好水土保持和水生态保护。⑨合理开发水能资源。⑩强化水文气象和水利科技支撑。

⑭ 2010 年中央 1 号文件提出加快改善农村民生，缩小城乡公共事业发展差距

具体建设要求囊括就业、文教卫生事业发展、社会保障、水电路建设、扶贫五方面：①努力促进农民就业创业，此外还应因地制宜发展特色高效农业、林下种养业，挖掘农业内部就业潜力。②提高农村教育卫生文化事业发展水平。③提高农村社会保障水平，逐步提高新型农村合作医疗筹资水平、政府补助标准和保障水平。④加强农村水电路气房建设，搞好新农村建设规划引导，合理布局，完善功能，加快改变农村面貌。⑤继续抓好扶贫开发工作。坚持农村开发式扶贫方针，加大投入力度，逐步扩大扶贫开发和农村低保制度有效衔接试点。

⑮ 2009 年中央 1 号文件提出推动城乡经济社会发展一体化

具体建设要求囊括文化、基础设施建设、就业、综合改革、扶贫、农销市场等方面：①加快农村社会事业发展，建立稳定的农村文化投入保障机制，尽快形成完备的农村公共文化服务体系。②加快农村基础设施建设，主要集中在加大对水、电、沼气、道路的投资。③积极扩大农村劳动力就业。④推进农村综合改革。⑤增强县域经济发展活力。调整财政收入分配格局，探索建立县乡财政基本财力保障制度。⑥积极开拓农村市场。⑦完善国家扶贫战略和政策体系，坚持开发式扶贫方针，制定农村最低生活保障制度与扶贫开发有效衔接办法。

⑯ 2008 年中央 1 号文件提出突出抓好农业基础设施建设

具体建设要求囊括水利、耕地保护、农业机械化、生态保护等方面：①狠抓小型农田水利建设。②大力发展节水灌溉。③抓紧实施病险水库除险加固。④加强耕地保护和土壤改良。对于西北地区有针对性指导意义的有支持农民秸秆还田、种植绿肥、增施有机肥。加快实施旱作农业示范工程，建设一批旱作节水示范区。⑤加快推进农业机械化。⑥继续加强生态建设。深入实施天然林保护、退耕还林等重点生态工程。建立健全森林、草原和水土保持生态效益补偿制度，多渠道筹集补偿资金，增强生态功能。

⑰ 2007 年中央 1 号文件提出加快农业基础建设，提高现代农业的设施装备水平

具体建设要求囊括农田水利、耕地、清洁能源、新型农用工业等方面：①大力抓好农田水利建设。②切实提高耕地质量。③加快发展农村清洁能源。继续增加农村沼气建设投入，支持有条件的地方开展养殖场大中型沼气建设。在适宜地区积极发展秸秆汽化和太阳能、风能等清洁能源。④加大乡村基础设施建设力度。治理农村人居环境，搞好村庄治理规划和试点，节约农村建设用地。继续发展小城镇和县域经济，充分发挥辐射周边农村的功能，带动现代农业发展，促进基础设施和公共服务向农村延伸。⑤发展新型农用工业。⑥提高农业可持续发展能力，鼓励发展循环农业、生态农业，有条件的地方可加快发展有机农业。

⑱ 2006 年中央 1 号文件提出加强农村基础设施建设，改善社会主义新农村建设的物质条件

具体建设要求囊括农田水利、耕地、基础设施等方面：①大力加强农田水利、耕地质量和生态建设。例如大力发展节水灌溉、继续推进退牧还草、山区综合开发等。②加快乡村基础设施建设。③加强村庄规划和人居环境治理，各级政府要切实加强村庄规划工作，安排资金支持编制村庄规划和开展村庄治理试点；可从各地实际出发制定村庄建设和人居环境治理的指导性目录，重点解决农民在饮水、行路、用电和燃料等方面的困难，凡符合目录的项目，可给予资金、实物等方面的引导和扶持。加强宅基地规划和管理，大力节约村庄建设用地，向农民免费提供经济安全适用、节地节能节材的住宅设计图样。引导和帮助农民切实解决住宅与畜禽圈舍混杂问题，搞好农村污水、垃圾治理，改善农村环境卫生。注重村庄安全建设，防止山洪、泥石流等灾害对村庄的危害，加强农村消防工作。村庄治理要突出乡村特色、地方特色和民族特色，保护有历史文化价值的古村落和古民宅。要本着节约原则，充分立足现有基础进行房屋和设施改造，防止大拆大建，防止加重农民负担，扎实稳步地推进村庄治理。

⑲ 2005 年中央 1 号文件提出加强农村基础设施建设，改善农业发展环境、加强农田水利和生态建设，提高农业抗御自然灾害的能力

具体建设要求囊括基础设施、农田水利、综合配套体系等方面：①加大农村小型基础设施建设力度，要继续增加农村"六小工程"（节约灌溉、人畜饮水、乡村道路、农村沼气、农村水电、草场围栏）的投资规模。②加快农产品流通和检验检测设施建设。③加强农业发展的综合配套体系建设。搞好种养业良种体系、农业科技创新与应用体系、动植物保护体系、农产品质量安全体系、农产品市场信息体系、农业资源与生态保护体系、农业社会化服务与管理体系等"七大体系"建设。④加快实施以节水改造为中心的大型灌区续建配套。⑤狠抓小型农田水利建设。重点建设田间灌排工程、小型灌区、非灌区抗旱水源工程。⑥坚持不懈搞好生态重点工程建设。

⑳ 2004 年中央 1 号文件提出加强农村基础设施建设，为农民增收创造条件

具体建设要求为：①继续增加财政对农业和农村发展的投入。②进一步加强农业和农村基础设施建设，节水灌溉、人畜饮水、乡村道路、农村沼气、农村水电、草场围栏等"六小工程"对改善农民生产生活条件、带动农民就业、增加农民收入发挥着积极作用，要进一步增加投资规模，充实建设内容，扩大建设范围。各地要从实际出发，因地制宜地开展雨水集蓄、河渠整治、牧区水利、小流域治理、改水改厕和秸秆气化等各种小型设施建设。创新和完善农村基础设施建设的管理体制和运营机制。

2004—2021 年历年中央 1 号文件关于乡村建设的政策见表 1-1。

表 1-1　2004—2021 年历年中央 1 号文件关于乡村建设的政策

序号	时间	主要内容	具体措施
1	2004 年	加强农村基础设施建设，为农民增收创造条件	①继续增加财政对农业和农村发展的投入。②进一步加强农业和农村基础设施建设，重点围绕节水灌溉、人畜饮水、乡村道路、农村沼气、农村水电、草场围栏等"六小工程"。
2	2005 年	加强农村基础设施建设，改善农业发展环境，加强农田水利和生态建设，提高农业抗御自然灾害的能力	①继续增加农村"六小工程"投资规模。②加快农产品流通和检验检测设施建设。③加强农业发展的综合配套体系建设。④加快实施以节水改造为中心的大型灌区续建配套。⑤狠抓小型农田水利建设。⑥坚持不懈搞好生态重点工程建设。
3	2006 年	加强农村基础设施建设，改善社会主义新农村建设的物质条件	①大力加强农田水利、耕地质量和生态建设。②加快乡村基础设施建设。③加强村庄规划和人居环境治理。

（续）

序号	时间	主要内容	具体措施
4	2007 年	加快农业基础建设，提高现代农业的设施装备水平	①大力抓好农田水利建设。②切实提高耕地质量。③加快发展农村清洁能源。④加大乡村基础设施建设力度。⑤发展新型农用工业。⑥提高农业可持续发展能力。
5	2008 年	突出抓好农业基础设施建设	①狠抓小型农田水利建设。②大力发展节水灌溉。③抓紧实施病险水库除险加固。④加强耕地保护和土壤改良。⑤加快推进农业机械化。⑥继续加强生态建设。
6	2009 年	推动城乡经济社会发展一体化	①加快农村社会事业发展。②加快农村基础设施建设。③积极扩大农村劳动力就业。④推进农村综合改革。⑤增强县域经济发展活力。⑥积极开拓农村市场。⑦完善国家扶贫战略和政策体系。
7	2010 年	加快改善农村民生，缩小城乡公共事业发展差距	①努力促进农民就业创业。②提高农村教育卫生文化事业发展水平。③提高农村社会保障水平。④加强农村水电路气房建设。⑤继续抓好扶贫开发工作。
8	2011 年	推动水利改革发展	①大兴农田水利建设。②加快中小河流治理和小型水库除险加固。③抓紧解决工程性缺水问题。④提高防汛抗旱应急能力。⑤继续推进农村饮水安全建设。⑥继续实施大江大河治理。⑦加强水资源配置工程建设。⑧搞好水土保持和水生态保护。⑨合理开发水能资源。⑩强化水文气象和水利科技支撑。
9	2012 年	改善设施装备条件，不断夯实农业发展物质基础	①坚持不懈加强农田水利建设。②加强高标准农田建设。③加快农业机械化。④搞好生态建设。
10	2013 年	改进农村公共服务机制，积极推进城乡公共资源均衡配置	①加强农村基础设施建设，科学规划村庄建设，严格规划管理。②大力发展农村社会事业。③有序推进农业转移人口市民化。④推进农村生态文明建设，加强农村生态建设、环境保护和综合整治，努力建设美丽乡村。
11	2014 年	健全城乡发展一体化体制机制	①开展村庄人居环境整治。加快编制村庄规划，推行以奖促治政策，以治理垃圾、污水为重点，改善村庄人居环境。②推进城乡基本公共服务均等化。③加快推动农业转移人口市民化。

（续）

序号	时间	主要内容	具体措施
12	2015 年	围绕城乡发展一体化，深入推进新农村建设	①加大农村基础设施建设力度。②提升农村公共服务水平。③全面推进农村人居环境整治。完善县域村镇体系规划和村庄规划，强化规划的科学性和约束力。④引导和鼓励社会资本投向农村建设。⑤加强农村思想道德建设。⑥切实加强农村基层党建工作。
13	2016 年	推动城乡协调发展，提高新农村建设水平	①加快农村基础设施建设。②提高农村公共服务水平。③开展农村人居环境整治行动和美丽宜居乡村建设。鼓励各地因地制宜探索各具特色的美丽宜居乡村建设模式。④推进农村劳动力转移就业创业和农民工市民化。⑤实施脱贫攻坚工程，坚决打赢脱贫攻坚战。
14	2017 年	补齐农业农村短板，夯实农村共享发展基础	①持续加强农田基本建设。②提升农村基本公共服务水平。③深入开展农村人居环境治理和美丽宜居乡村建设。④扎实推进脱贫攻坚，深入推进重大扶贫工程。
15	2018 年	提高农村民生保障水平，塑造美丽乡村新风貌	①优先发展农村教育事业。②促进农村劳动力转移就业和农民增收。③推动农村基础设施提档升级。④加强农村社会保障体系建设。⑤推进健康乡村建设。⑥持续改善农村人居环境。
16	2019 年	扎实推进乡村建设，加快补齐农村人居环境公共服务短板	①抓好农村人居环境整治三年行动。②实施村庄基础设施建设工程。③提升农村公共服务水平。④强化乡村规划引领。⑤加强农村污染治理和生态环境保护。
17	2020 年	对标全面建成小康社会加快补上农村基础设施和公共服务短板	①加大农村公共基础设施建设力度。②提高农村供水保障水平。③扎实搞好农村人居环境整治。④提高农村教育质量。⑤加强农村基层医疗卫生服务。⑥加强农村社会保障。⑦改善乡村公共文化服务。⑧治理农村生态环境突出问题。
18	2021 年	大力实施乡村建设行动	①加快推进村庄规划工作。②加强乡村公共基础设施建设。③实施农村人居环境整治提升五年行动。④提升农村基本公共服务水平。⑤全面促进农村消费。⑥加快县域内城乡融合发展。⑦强化农业农村优先发展投入保障。⑧深入推进农村改革。
19	2022 年	关于做好 2022 年全面推进乡村振兴重点工作的意见	①健全乡村建设实施机制。②接续实施农村人居环境整治提升五年行动。③扎实开展重点领域农村基础设施建设。④大力推进数字乡村建设。⑤加强基本公共服务县域统筹。

（续）

序号	时间	主要内容	具体措施
20	2023年	关于做好2023年全面推进乡村振兴重点工作的意见	①加强村庄规划建设。②扎实推进农村人居环境整治提升。③持续加强乡村基础设施建设。④提升基础公共服务能力。

（二）新农村建设的政策梳理

"建设社会主义新农村"不是一个新概念，自20世纪50年代以来曾多次使用过类似提法，但在新的历史背景下，党的十六届五中全会提出的建设社会主义新农村具有更为深远的意义和更加全面的要求。2005年10月8日，中国共产党十六届五中全会通过《"十一五"规划纲要建议》，提出要按照"生产发展、生活宽裕、乡风文明、村容整洁、管理民主"的要求，扎实推进社会主义新农村建设。因此新农村建设是在我国总体上进入以工促农、以城带乡的发展新阶段后面临的崭新课题，是时代发展和构建和谐社会的必然要求。当前我国全面建设小康社会的重点难点在农村，农业丰则基础强，农民富则国家盛，农村稳则社会安；没有农村的小康，就没有全社会的小康；没有农业的现代化，就没有国家的现代化。

❶ 2005年10月11日《中共中央关于制定国民经济和社会发展第十一个五年规划的建议》首次提出"新农村建设"概念

（1）积极推进城乡统筹发展。建设社会主义新农村是我国现代化进程中的重大历史任务。要按照生产发展、生活宽裕、乡风文明、村容整洁、管理民主的要求，坚持从各地实际出发，尊重农民意愿，扎实稳步推进新农村建设。

（2）推进现代农业建设。加快农业科技进步，加强农业设施建设，调整农业生产结构，转变农业增长方式，提高农业综合生产能力。稳定发展粮食生产，确保国家粮食安全。

（3）全面深化农村改革。稳定并完善以家庭承包经营为基础、统分结合的双层经营体制，有条件的地方可根据自愿、有偿的原则依法流转土地承包经营权，发展多种形式的适度规模经营。

（4）大力发展农村公共事业。加快发展农村文化教育事业，加强农村公共卫生和基本医疗服务体系建设，加大农村基础设施建设投入，积极发展适合农村特点的清洁能源。

（5）千方百计增加农民收入。采取综合措施，广泛开辟农民增收渠道。充分挖掘农业内部增收潜力，扩大养殖、园艺等劳动密集型产品和绿色食品的生产，努力开拓农产品市场。

❷ 2005 年 12 月中央农村工作会议研究"十一五"期间推进社会主义新农村建设

会议要求必须按照"生产发展、生活宽裕、乡风文明、村容整洁、管理民主"的要求，全面推进农村建设。建设社会主义新农村是一项长期的任务，必须因地制宜，从实际出发，尊重农民意愿，注重实效，稳步前进。

❸ 2006 年 1 月胡锦涛在中共中央政治局第二十八次集体学习时强调要使建设社会主义新农村成为惠及广大农民的民心工程

胡锦涛就抓好建设社会主义新农村的工作落实提出五点要求。①努力使建设社会主义新农村的各项工作切实符合实际、符合农民意愿。②因地制宜、搞好规划，指导社会主义新农村建设有计划、有步骤、有重点地逐步推进。③要抓住重点、积极推进。④要完善机制、形成合力，充分调动广大农民群众的积极性和主动性，大力加强建设社会主义新农村的宣传教育，使全党全国以及全社会共同关心和热情参与社会主义新农村建设。⑤是要总结经验、分类指导，注重抓好试点，及时总结实践。

❹ 2006 年 10 月《关于印发〈新农村建设科技促进行动〉的通知》将新型农民培养和人才队伍建设、新兴产业培育、科技型企业培育列入新农村建设科技促进行动八项举措内容

①在新型农民培养方面强调要加大新型农民培养力度，优化农村科技人才队伍。②在农村新兴产业培育方面。强调以星火富民科技工程、农业科技成果转化资金和科技扶贫等的实施为主要平台，以延长产业链和价值链为重点，以科技成果的集成应用为切入点，培育农村新兴产业和区域特色优势产业，拓宽农民就业增收空间。

❺ 2006 年 10 月《国家发展改革委关于加强农村基础设施建设，扎实推进社会主义新农村建设的意见》针对新农村建设中存在的问题对各经济综合管理部门提出要求

要求各经济综合管理部门，在社会主义新农村建设中肩负重要职责，要认真贯彻落实中央精神，结合宏观调控和投资管理职能，切实加强对新农村建设的指导，大力支持农村基础设施建设，夯实新农村建设的物质基础。

①认真抓好农村基础设施建设规划工作。②切实加强对农村基础设施建设的分类指导。例如，西部地区农业发展相对落后，农村生产生活条件较差，农民收入水平较低，在农村基础设施建设中，应把工作的着力点放在改善基本生产生活条件、发展特色农业、提高农民素质、加快脱贫致富步伐、加强生态建设和保护等方面，确保农民群众实实在在得实惠。③努力增加农村基础设施建设资金投入。④继续加大政府支农投资整合工作力度。⑤不断创新农村基础设施建设的体制和机制。⑥积极参与新农村建设试点工作。

❻ 2007 年 1 月中央农村工作会议强调发展现代农业以科技进步推动西部地区新农村建设

中央农村工作会议指出，推进社会主义新农村建设，首要任务是建设现代农业。发展现代农业，要用现代科学技术改造农业。对于欠发达的西部地区来说，加快现代农业和农村经济发展，必须高度重视发挥科技进步的作用。

推动西部农村科技进步须着力抓好的重点工作：①大力实施"科教兴农"战略。高度重视科技进步的重大作用，始终贯彻"科教兴农"的战略思想，推进财税体制改革，加大科技投入，把农村经济增长方式转到依靠科技进步和提高劳动者素质的轨道上来，实现农村经济的持续快速发展。②全面提高农村劳动者素质。西部地区的农村劳动力素质普遍较低，不适应科技进步的需要。应大力加强农村基础教育，普及农村职业技术教育，提高农民的文化素质和科技素质。同时，通过建立农村科技协会等形式，加强对农民的科技宣传和培训，帮助他们应用科技成果。③有效利用农业科技成果。坚持以产业化为基础，着力提高科技成果的利用效率；积极发展各种相关服务业，为农业科技成果的推广和应用创造条件。

❼ 2007 年 10 月党的十七大报告强调统筹城乡发展，推进社会主义新农村建设

会议指出，解决好农业、农村、农民问题，事关全面建设小康社会大局，必须始终作为全党工作的重中之重。要加强农业基础地位，走中国特色农业现代化道路，建立以工促农、以城带乡长效机制，形成城乡经济社会发展一体化新格局。坚持把发展现代农业、繁荣农村经济作为首要任务，加强农村基础设施建设，健全农村市场和农业服务体系。加大支农惠农政策力度，严格保护耕地，增加农业投入，促进农业科技进步，增强农业综合生产能力，确保国家粮食安全。加强动植物疫病防控，提高农产品质量安全水平。以促进农民增收为核心，发展乡镇企业，壮大县域经济，多渠道转移农民就业。提高扶贫开发水平。深化农村综合改革，推进农村金融体制改革和创新，改革集体林权制度。坚持农村基本经营制度，稳定和完善土地承包关系，按照依法自愿有偿原则，健全土地承包经营权流转市场，有条件的地方可以发展多种形式的适度规模经营。探索集体经济有效实现形式，发展农民专业合作组织，支持农业产业化经营和龙头企业发展。培育有文化、懂技术、会经营的新型农民，发挥亿万农民建设新农村的主体作用。

⑧ 2007 年 12 月《国务院关于推进社会主义新农村建设情况的报告》对今后一个时期新农村建设提出的工作安排

①贯彻城乡统筹发展方略，巩固、完善、强化强农惠农政策，构建促进农业增产农民增收的长效机制。②稳定发展农业生产，保障主要农产品有效供给。坚持立足国内发展生产，统筹协调抓好主要农产品生产，保障农产品供求总量平衡、结构平衡和质量安全。③多渠道促进农民就业增收，提高农民收入水平。④大力加强农业基础建设，提高农业综合生产能力。⑤加强耕地资源和生态环境保护，增强农业可持续发展能力。⑥强化农业科技和服务体系，促进农业发展方式转变。⑦加快发展农村公共事业，切实解决农村民生问题。⑧继续深化农村改革，创新农业农村发展的体制机制。

⑨ 2010 年 3 月两会发表题为《怎样稳步推进城镇化和新农村建设？》报告，强调实现城镇化与新农村建设"两轮驱动"

会议强调从根本上解决"三农"问题，要大力推进城镇化。在推进城镇化的同时必须把农村建设好，要坚定不移地深入推进社会主义新农村建设，不断改变农村的落后面貌。实现城镇化与新农村建设"两轮驱动"、良性互动，是中国特色现代化道路的重要组成部分。

具体做法包括：①扎实推进社会主义新农村建设，继续加大对农村基础设施建设投入，改善农村道路、用水、用电条件。②坚决保护好耕地。③加快提高城镇的综合承载能力。④切实促进进城农民逐步融入城镇。⑤大力发展县城和重点镇。

⑩ 2011 年 3 月《国民经济和社会发展第十二个五年规划纲要（草案）》提出加大强农惠农力度，加快社会主义新农村建设

（1）要加快发展现代农业。坚持走中国特色农业现代化道路，把保障国家粮食安全作为首要目标，加快转变农业发展方式，提高农业综合生产能力、抗风险能力和市场竞争能力。要增强粮食安全保障能力、粮食综合生产能力达到5.4亿吨以上；推进农业结构战略性调整、加快农业科技创新、健全农业社会化服务体系。

（2）要拓宽农民增收渠道。加大引导和扶持力度，提高农民职业技能和创收能力，千方百计拓宽农民增收渠道，促进农民收入持续较快增长。要巩固提高家庭经营收入、努力增加工资性收入、大力增加转移性收入。

（3）要改善农村生产生活条件。按照推进城乡经济社会发展一体化的要求，搞好社会主义新农村建设规划，加强农村基础设施建设和公共服务，推进农村环境综合整治。要提高乡镇村庄规划管理水平、加强农村基础设施建设、强化农村公共服务、推进农村环境综合整治。

（4）要完善农村发展体制机制。按照统筹城乡发展要求，加快推进农村发展体制机制改革，增强农业农村发展活力。要坚持和完善农村基本经营制度、建立健全城乡发展一体化制度、增强县域经济发展活力。

⑪ 2012年11月党的十八大报告强调深入推进新农村建设和扶贫开发，全面改善农村生产生活条件

解决好农业农村农民问题是全党工作重中之重，城乡发展一体化是解决"三农"问题的根本途径。要加大统筹城乡发展力度，增强农村发展活力，逐步缩小城乡差距，促进城乡共同繁荣。坚持工业反哺农业、城市支持农村和多予少取放活方针，加大强农惠农富农政策力度，让广大农民平等参与现代化进程、共同分享现代化成果。加快发展现代农业，增强农业综合生产能力，确保国家粮食安全和重要农产品有效供给。坚持把国家基础设施建设和社会事业发展重点放在农村，深入推进新农村建设和扶贫开发，全面改善农村生产生活条件。着力促进农民增收，保持农民收入持续较快增长。坚持和完善农村基本经营制度，依法维护农民土地承包经营权、宅基地使用权、集体收益分配权，壮大集体经济实力，发展多种形式规模经营，构建集约化、专业化、组织化、社会化相结合的新型农业经营体系。改革征地制度，提高农民在土地增值收益中的分配比例。加快完善城乡发展一体化体制机制，着力在城乡规划、基础设施、公共服务等方面推进一体化，促进城乡要素平等交换和公共资源均衡配置，形成以工促农、以城带乡、工农互惠、城乡一体的新型工农、城乡关系。

⑫ 2013年5月习近平总书记就要认真总结浙江省开展"千村示范万村整治"工程的经验并加以推广的相关批示

习近平总书记强调各地开展新农村建设，应坚持因地制宜、分类指导，规划先行、完善机制，突出重点、统筹协调，通过长期艰苦努力，全面改善农村的生产生活条件。

⑬ 2014 年 12 月《十二届全国人大常委会第十二次会议审议的国务院关于推进新农村建设工作情况的报告》提出我国将围绕"四重点"推进新农村建设

我国将以建设现代农业、发展公共事业、改善人居环境、加强民主管理为重点，扎实推进社会主义新农村建设。具体要求包括：①切实转变农业发展方式，加快推进农业现代化。②加强农村基础设施建设，加快发展农村社会事业。③强化农业农村环境治理与生态保护。④深化农村改革，加强农村民主管理和精神文明建设，不断完善村民自治各项制度，坚决查处纠正涉农领域侵害群众利益的腐败问题和加重农民负担行为，加强农村传统文化遗产保护。

2005—2014 年新农村建设的政策梳理见表 1-2。

表 1-2 2005—2014 年新农村建设的政策梳理

序号	时间	政 策	内容要点
1	2005 年	《中共中央关于制定国民经济和社会发展第十一个五年规划的建议》	首次提出新农村建设的概念。①积极推进城乡统筹发展。②推进现代农业建设。③全面深化农村改革。④大力发展农村公共事业。⑤千方百计增加农民收入。
2	2005 年	中央农村工作会议	必须按照"生产发展、生活宽裕、乡风文明、村容整洁、管理民主"的要求，全面推进新农村建设。建设社会主义新农村是一项长期的任务，必须因地制宜，从实际出发，尊重农民意愿，注重实效，稳步前进。
3	2006 年	《关于印发〈新农村建设科技促进行动〉的通知》	将新型农民培养和人才队伍建设、新兴产业培育、科技型企业培育列入新农村建设科技促进行动八项举措内容。
4	2006 年	胡锦涛在中共中央政治局第二十八次集体学习发表重要讲话	强调要使建设社会主义新农村成为惠及广大农民的民心工程。
5	2006 年	《国家发展改革委关于加强农村基础设施建设，扎实推进社会主义新农村建设的意见》	①认真抓好农村基础设施建设规划工作。②切实加强对农村基础设施建设的分类指导。③努力增加农村基础设施建设资金投入。④继续加大政府支农投资整合工作力度。⑤不断创新农村基础设施建设的体制和机制。⑥积极参与新农村建设试点工作。

（续）

序号	时间	政　策	内容要点
6	2006 年	《中共中央 国务院关于推进社会主义新农村建设的若干意见》	统筹城乡经济社会发展，扎实推进社会主义新农村建设。①推进现代农业建设，强化社会主义新农村建设的产业支撑。②促进农民持续增收，夯实社会主义新农村建设的经济基础。③加强农村基础设施建设，改善社会主义新农村建设的物质条件。④加快发展农村社会事业，培养推进社会主义新农村建设的新型农民。⑤全面深化农村改革，健全社会主义新农村建设的体制保障。⑥加强农村民主政治建设，完善建设社会主义新农村的乡村治理机制。⑦切实加强领导，动员全党全社会关心、支持和参与社会主义新农村建设。
7	2007 年	《中共中央 国务院关于积极发展现代农业扎实推进社会主义新农村建设的若干意见》	强调发展现代农业是社会主义新农村建设的首要任务。①加大对"三农"的投入力度。②加快农业基础建设，提高现代农业的设施装备水平。③推进农业科技创新，强化建设现代农业的科技支撑。④开发农业多种功能，健全发展现代农业的产业体系。⑤健全农村市场体系，发展适应现代农业要求的物流产业。⑥培养新型农民，造就建设现代农业的人才队伍。⑦深化农村综合改革，创新推动现代农业发展的体制机制。⑧加强党对农村工作的领导，确保现代农业建设取得实效。
8	2007 年	中央农村工作会议	发展现代农业以科技进步推动西部地区新农村建设。①大力实施"科教兴农"战略。②全面提高农村劳动者素质。③有效利用农业科技成果。
9	2007 年	《十七大报告》	强调统筹城乡发展，推进社会主义新农村建设。①坚持把发展现代农业、繁荣农村经济作为首要任务。②加强农村基础设施建设。③加强动植物疫病防控。④加大支农惠农政策力度，确保国家粮食安全。⑤深化农村综合改革。⑥坚持农村基本经营制度。
10	2007 年	《国务院关于推进社会主义新农村建设的若干意见》	推动新农村建设的安排。①贯彻城乡统筹发展方略。②保障主要农产品有效供给。③多渠道促进农民就业增收。④大力加强农业基础建设。⑤加强耕地资源和生态环境保护。⑥继续深化农村改革。⑦强化农业科技和服务体系。⑧加快发展农村公共事业。
11	2010 年	两会报告：《怎样稳步推进城镇化和新农村建设?》	强调实现城镇化与新农村建设"两轮驱动"。①扎实推进社会主义新农村建设，继续加大对农村基础设施建设投入，改善农村道路、用水、用电条件。②坚决保护好耕地。③加快提高城镇的综合承载能力。④切实促进进城农民逐步融入城镇。⑤大力发展县城和重点镇。

（续）

序号	时间	政　策	内容要点
12	2011 年	《中共中央关于制定国民经济和社会发展第十一个五年规划的建议》	加大强农惠农力度，加快社会主义新农村建设。①要加快发展现代农业。②要拓宽农民增收渠道。③要改善农村生产生活条件。④要完善农村发展体制机制。
13	2012 年	《坚定不移沿着中国特色社会主义道路前进为全面建成小康社会而奋斗》（党的十八大报告）	推动城乡发展一体化，深入推进新农村建设和扶贫开发。①要加大统筹城乡发展力度，形成以工促农、以城带乡、工农互惠、城乡一体的新型工农、城乡关系。②加快发展现代农业。③坚持和完善农村基本经营制度。④坚持把国家基础设施建设和社会事业发展重点放在农村，深入推进新农村建设和扶贫开发。
14	2013 年	习近平总书记就要认真总结浙江省开展"千村示范万村整治"工程的经验并加以推广的相关批示	各地开展新农村建设，应坚持因地制宜、分类指导，规划先行、完善机制，突出重点、统筹协调，通过长期艰苦努力，全面改善农村的生产生活条件。
15	2014 年	《关于印发〈新农村建设科技促进行动〉的通知》	提出我国将围绕"四重点"（围绕现代农业、新兴产业、农村社区、城镇化等重点）推进新农村建设。①加快推进农业现代化。②加强农村基础设施建设。③强化农业农村环境治理与生态保护。④深化农村改革。

（三）党的十八大以来乡村建设的政策

我国乡村发展历经农业社会主义改造、实行家庭联产承包责任制、社会主义新农村建设、农业现代化建设等，在不同的时代背景下建设出日进完善的改革方法，也更加贴合生产力的需求，但也遇到了农村基础设施建设不完善，农村青壮年劳动力流失过快，区域性规划建设理念不强等问题。为此，党的十八大以来，在以习近平同志为核心的党中央坚强领导下，我国已经实现了脱贫攻坚战的全面胜利，并取得了全面建成小康社会的决定性成就。当前，我们正面临进一步巩固拓展脱贫攻坚成果，接续推动脱贫地区发展和乡村全面振兴的艰巨任务。例如 2013 年 12 月，习近平总书记在中央农村工作会议上的重要讲话中强调，"中国要强，农业必须强；中国要美，农村必须美；中国要富，农民必须富"。2017 年 10 月，党的十九大报告提出"实施乡村振兴战略"，强调

"农业农村农民问题是关系国计民生的根本性问题，必须始终把解决好'三农'问题作为全党工作重中之重"，从而开启了中国的乡村振兴之路。

特别是，党的十九届五中全会明确提出，要优先发展农业农村，全面推进乡村振兴，实施乡村建设行动。其中，"乡村建设行动"首次被写入中央文件，而且明确要"把乡村建设摆在社会主义现代化建设的重要位置"。为此，我们应当高度重视并深入研究实施乡村建设行动的重大意义。

❶ 2015年10月，《中共中央关于制定国民经济和社会发展第十三个五年规划的建议》中指出乡村规划研究逐渐发展成为国家重大研究领域

（1）重视城乡一体化发展。进入"十三五"时期，乡村要发挥自身的地理条件和资源优势，加快发展乡镇企业并创造新的就业岗位，让大量农村剩余劳动力在乡村就业，从劳动结构和经济形态上实现工农一体化；加快农民生活方式和观念的"城市转变"，打破以往城乡"二元"结构体制，实现"人的城市化"。

（2）重视生态维护。乡村规划需本着"集约发展"的理念，通过划定乡村各类功能性空间，严格控制村庄建设规模，推动村庄用地的高效与集约利用；本着"区域融合"的理念，加强村庄生态系统与周边生态功能板块的联系，融入区域生态网络的大格局中；本着"绿色发展"的理念，引导循环型工业、生态旅游和有机农业等资源环境友好型产业发展，构建乡村生态产业体系；本着"低碳生活"的理念，完善乡村沼气工程、污水净化系统的建设，通过建设"乡村文化绿道"，将乡村整合进区域休闲网络，整合配置城乡公交网和乡村公共设施。

（3）重视农业转型。在乡村规划中应加大对农业基础设施建设、农业机械化的资金投入，根据乡村自身的资源禀赋，构建"三产联动"的乡村特色产业体系：一方面，发展多样化、有特色、结合旅游业消费的农业形式，如生态旅游、观光农业等；另一方面，推动农业与电商物流、个性消费等第三产业相结合，借助互联网提高乡村在"流空间"中的可达性，提升村庄产业的辐射影响力；同时，发展体现绿色健康的乡村服务业，如农业技术服务、农产品展贸、乡村旅游和文化体验等。

（4）重视乡村文化。在乡村规划中，应本着历史传承的原则开展风貌规划与建设，加强乡村历史建筑保护，体现地方文化魅力；对乡村地区推行特色资源普查工作，加强对乡土景观环境的动态监测和分类保护，积极恢复被破坏的景观功能与形态；挖掘和传承丰富多彩的地域文化，将传统技艺手工、民风民俗、特色建筑有机渗透到日常生产与生活中，并与乡村产业、乡村旅游结合，发展乡村文化。

❷ 2017 年 10 月，"十九大报告"第一次明确提出实施乡村振兴战略

报告中第一次明确提出实施乡村振兴战略，农业农村农民问题是关系国计民生的根本性问题，必须始终把解决好"三农"问题作为全党工作重中之重。要坚持农业农村优先发展，按照产业兴旺、生态宜居、乡风文明、治理有效、生活富裕的总要求，建立健全城乡融合发展体制机制和政策体系，加快推进农业农村现代化。巩固和完善农村基本经营制度，深化农村土地制度改革，完善承包地"三权"分置制度。保持土地承包关系稳定并长久不变，第二轮土地承包到期后再延长三十年。深化农村集体产权制度改革，保障农民财产权益，壮大集体经济。确保国家粮食安全，把中国人的饭碗牢牢端在自己手中。构建现代农业产业体系、生产体系、经营体系，完善农业支持保护制度，发展多种形式适度规模经营，培育新型农业经营主体，健全农业社会化服务体系，实现小农户和现代农业发展有机衔接。促进农村一、二、三产业融合发展，支持和鼓励农民就业创业，拓宽增收渠道。加强农村基层基础工作，健全自治、法治、德治相结合的乡村治理体系。培养造就一支懂农业、爱农村、爱农民的"三农"工作队伍。

❸ 2017 年 11 月，《农村人居环境整治三年行动方案》强调加快推进农村人居环境整治，进一步提升农村人居环境水平

①推进农村生活垃圾治理，统筹考虑生活垃圾和农业生产废弃物利用、处理，建立健全符合农村实际、方式多样的生活垃圾收运处置体系。②开展厕所粪污治理，合理选择改厕模式，推进厕所革命。③梯次推进农村生活污水治理。④提升村容村貌。⑤加强村庄规划管理，全面完成县域乡村建设规划编制或修编，与县乡土地利用总体规划、土地整治规划、村土地利用规划、农村社区建设规划等充分衔接，鼓励推行多规合一。⑥完善建设和管护机制。

❹ 2019 年 5 月，《数字乡村发展战略纲要》强调将把数字乡村摆在建设数字中国的重要位置

（1）加快乡村信息基础设施建设：大幅提升乡村网络设施水平、完善信息终端和服务供给、加快乡村基础设施数字化转型。推进智慧水利、智慧交通、智能电网、智慧农业、智慧物流建设。

（2）发展农村数字经济。

（3）强化农业农村科技创新供给：推动农业装备智能化、优化农业科技信息服务，推动产学研用合作。

（4）建设智慧绿色乡村：推广农业绿色生产方式、提升乡村生态保护信息化水平、倡导乡村绿色生活方式，引导公众积极参与农村环境网络监督，共同维护绿色生活环境。

（5）繁荣发展乡村网络文化：加强农村网络文化阵地建设、加强乡村网络文化引导。

（6）推进乡村治理能力现代化：推动"互联网＋党建"、提升乡村治理能力。提高农村社会综合治理精细化、现代化水平。

（7）深化信息惠民服务：深入推动乡村教育信息化，发展"互联网＋教育"。

（8）激发乡村振兴内生动力。支持新型农业经营主体和服务主体发展、大力培育新型职业农民、激活农村要素资源。

（9）推动网络扶贫向纵深发展。

（10）统筹推动城乡信息化融合发展。

❺ 2019 年 6 月，《关于加强和改进乡村治理的指导意见》强调实现乡村有效治理是乡村振兴的重要内容

其中具体做法分为十七点，分别是：①完善村党组织领导乡村治理的体制机制。②发挥党员在乡村治理中的先锋模范作用。③规范村级组织工作事务。④增强村民自治组织能力。⑤丰富村民议事协商形式。⑥全面实施村级事务阳光工程。⑦积极培育和践行社会主义核心价值观。⑧实施乡风文明培育行动。⑨发挥道德模范引领作用。⑩加强农村文化引领。⑪推进法治乡村建设。⑫加强平安乡村建设。⑬健全乡村矛盾纠纷调处化解机制。⑭加大基层小微权力腐败惩治力度。⑮加强农村法律服务供给。⑯支持多方主体参与乡村治理。⑰提升乡镇和村为农服务能力。

❻ 2019 年 6 月，《国务院关于促进乡村产业振兴的指导意见》就如何促进乡村产业振兴提出指导意见

（1）突出优势特色，培育壮大乡村产业。做强现代种养业、做精乡土特色产业、提升农产品加工流通业、优化乡村休闲旅游业、培育乡村新型服务业、发展乡村信息产业。

（2）科学合理布局，优化乡村产业空间结构。强化县域统筹、推进镇域产业聚集、促进镇村联动发展、支持贫困地区产业发展、培育多元融合主体、发展多类型融合业态、打造产业融合载体、构建利益联结机制。

（3）推进质量兴农绿色兴农，增强乡村产业持续增长力。健全绿色质量标准体系、大力推进标准化生产、培育提升农业品牌、强化资源保护利用。

（4）推动创新创业升级，增强乡村产业发展新动能。强化科技创新引领、促进农村创新创业。

（5）完善政策措施，优化乡村产业发展环境。健全财政投入机制、创新乡村金融服务、有序引导工商资本下乡、完善用地保障政策、健全人才保障机制。

（6）强化组织保障，确保乡村产业振兴落地见效。加强统筹协调、强化指导服务、营造良好氛围。

⑦ 2020 年 12 月，习近平总书记出席中央农村工作并发表重要讲话，强调要实施乡村建设行动

习近平强调要实施乡村建设行动，继续把公共基础设施建设的重点放在农村，在推进城乡基本公共服务均等化上持续发力，注重加强普惠性、兜底性、基础性民生建设。要接续推进农村人居环境整治提升行动，重点抓好改厕和污水、垃圾处理。要合理确定村庄布局分类，注重保护传统村落和乡村特色风貌，加强分类指导。

⑧ 2021 年 10 月，《关于推动城乡建设绿色发展的意见》强调打造绿色生态宜居的美丽乡村

（1）打造绿色生态宜居的美丽乡村。按照产业兴旺、生态宜居、乡风文明、治理有效、生活富裕的总要求，以持续改善农村人居环境为目标，建立乡村建设评价机制，探索县域乡村发展路径。提高农房设计和建造水平，建设满足乡村生产生活实际需要的新型农房，完善水、电、气、厕配套附属设施。

（2）加强既有农房节能改造。保护塑造乡村风貌，延续乡村历史文脉，严格落实有关规定，不破坏地形地貌、不拆传统民居、不砍老树、不盖高楼。

（3）统筹布局县城、中心镇、行政村基础设施和公共服务设施，促进城乡设施联动发展。提高镇村设施建设水平，持续推进农村生活垃圾、污水、厕所粪污、畜禽养殖粪污治理，实施农村水系综合整治，推进生态清洁流域建设，加强水土流失综合治理，加强农村防灾减灾能力建设。

（4）立足资源优势打造各具特色的农业全产业链，发展多种形式适度规模经营，支持以"公司＋农户"等模式对接市场，培育乡村文化、旅游、休闲、民宿、健康养老、传统手工艺等新业态，强化农产品及其加工副产物综合利用，拓宽农民增收渠道，促进产镇融合、产村融合，推动农村一、二、三产业融合发展。

❾ 2022 年 5 月，中共中央办公厅　国务院办公厅印发《乡村建设行动实施方案》

实施方案有十一个重点任务，分别是：①加强乡村规划建设管理。②实施农村道路畅通工程。③强化农村防汛抗旱和供水保障。④实施乡村清洁能源建设工程。⑤实施农产品仓储保鲜冷链物流设施建设工程。⑥实施数字乡村建设发展工程。⑦实施村级综合服务设施提升工程。⑧实施农房质量安全提升工程。⑨实施农村人居环境整治提升五年行动。⑩加强农村基层组织建设。⑪深入推进农村精神文明建设。

❿ 2023 年 2 月，中共中央 国务院关于做好 2023 年全面推进乡村振兴重点工作的意见，强调"宜居宜业和美"乡村建设

该意见对未来乡村建设提出新要求，提出了"宜居宜业和美"的乡村建设目标，在加强村庄规划建设部分，细化了乡村规划编制要求，持续加强乡村基础设施建设部分强调深入实施数字乡村发展行动，加强农村应急管理基础能力建设，提升基本公共服务能力部分，从教育、医疗、社会保障、养老等四个方面提出了详细要求。

党的十八大以来关于乡村建设的相关政策见表 1-3。

表 1-3　党的十八大以来关于乡村建设的相关政策

序号	时间	政　策	内容要点
1	2015 年	《中共中央关于制定国民经济和社会发展第十三个五年规划的建议》	乡村规划研究逐渐发展成为国家重大研究领域。①重视城乡一体化发展。②重视生态维护。③重视农业转型。④重视乡村文化。
2	2017 年	十九大报告	第一次明确提出实施乡村振兴战略。
3	2017 年	《农村人居环境整治三年行动方案》	①推进农村生活垃圾治理。②开展厕所粪污治理，合理选择改厕模式，推进厕所革命。③梯次推进农村生活污水治理。④提升村容村貌。⑤加强村庄规划管理。⑥完善建设和管护机制。
4	2019 年	《数字乡村发展战略纲要》	①加快乡村信息基础设施建设。②发展农村数字经济。③强化农业农村科技创新供给。④建设智慧绿色乡村。⑤繁荣发展乡村网络文化。⑥推进乡村治理能力现代化。⑦深化信息惠民服务。⑧激发乡村振兴内生动力。⑨推动网络扶贫向纵深发展。⑩统筹推动城乡信息化融合发展。

（续）

序号	时间	政　策	内容要点
5	2019年	《关于加强和改进乡村治理的指导意见》	①完善村党组织领导乡村治理的体制机制。②发挥党员在乡村治理中的先锋模范作用。③规范村级组织工作事务。④增强村民自治组织能力。⑤丰富村民议事协商形式。⑥全面实施村级事务阳光工程。⑦积极培育和践行社会主义核心价值观。⑧实施乡风文明培育行动。⑨发挥道德模范引领作用。⑩加强农村文化引领。⑪推进法治乡村建设。⑫加强平安乡村建设。⑬健全乡村矛盾纠纷调处化解机制。⑭加大基层小微权力腐败惩治力度。⑮提升乡镇和村为农服务能力。⑯加强农村法律服务供给。⑰支持多方主体参与乡村治理。
6	2019年	《国务院关于促进乡村产业振兴的指导意见》	①突出优势特色，培育壮大乡村产业。②科学合理布局，优化乡村产业空间结构。③推进质量兴农绿色兴农，增强乡村产业持续增长力。④推动创新创业升级，增强乡村产业发展新动能。⑤完善政策措施，优化乡村产业发展环境。⑥强化组织保障，确保乡村产业振兴落地见效。
7	2020年	中央农村工作会议	习近平强调要实施乡村建设行动，继续把公共基础设施建设的重点放在农村，在推进城乡基本公共服务均等化上持续发力，注重加强普惠性、兜底性、基础性民生建设。要接续推进农村人居环境整治提升行动，重点抓好改厕和污水、垃圾处理。要合理确定村庄布局分类，注重保护传统村落和乡村特色风貌，加强分类指导。
8	2021年	《关于推动城乡建设绿色发展的意见》	打造绿色生态宜居的美丽乡村。按照产业兴旺、生态宜居、乡风文明、治理有效、生活富裕的总要求，以持续改善农村人居环境为目标，建立乡村建设评价机制，探索县域乡村发展路径。提高农房设计和建造水平，建设满足乡村生产生活实际需要的新型农房，完善水、电、气、厕配套附属设施，加强既有农房节能改造。保护塑造乡村风貌，延续乡村历史文脉，严格落实有关规定，不破坏地形地貌、不拆传统民居、不砍老树、不盖高楼。统筹布局县城、中心镇、行政村基础设施和公共服务设施，促进城乡设施联动发展。提高镇村设施建设水平，持续推进农村生活垃圾、污水、厕所粪污、畜禽养殖粪污治理，实施农村水系综合整治，推进生态清洁流域建设，加强水土流失综合治理，加强农村防灾减灾能力建设。立足资源优势打造各具特色的农业全产业链，发展多种形式适度规模经营，支持以"公司＋农户"等模式对接市场，培育乡村文化、旅游、休闲、民宿、健康养老、传统手工艺等新业态，强化农产品及其加工副产物综合利用，拓宽农民增收渠道，促进产镇融合、产村融合，推动农村一、二、三产业融合发展。

（续）

序号	时间	政　策	内容要点
9	2022年	乡村建设行动实施方案	①加强乡村规划建设管理。②实施农村道路畅通工程。③强化农村防汛抗旱和供水保障。④实施乡村清洁能源建设工程。⑤实施农产品仓储保险冷链物流设施建设工程。⑥实施数字乡村建设发展工程。⑦实施村级综合服务设施提升工程。⑧实施农房质量安全提升工程。⑨实施农村人居环境整治提升五年行动。⑩加强农村基层组织建设。⑪深入推进农村精神文明建设。

第二章

乡村综合体概念、结构与功能

综合体的概念被率先在城市规划中应用，如万达广场、恒大文旅城，成为城市综合体的代表。在 2010 年之后，随着乡村旅游的发展，综合体的概念被广泛引入农业规划设计中，以"田园综合体"为主的农业文旅项目在各地纷纷上马，成为一、二、三产业融合发展的抓手。

第一节 乡村综合体的概念

一、综合体概念的辨析

随着社会经济的发展以及人们生活、文化、商旅需求的提升，综合体的概念被广泛应用到城市规划和城市功能的布局中。在城市叫城市综合体、商业综合体，在农村叫田园综合体和乡村综合体。

城市综合体是以建筑群为基础，融合商业零售、商务办公、酒店餐饮、公寓住宅、综合娱乐五大核心功能于一体的"城中之城"，是功能聚合、土地集约的城市经济聚集体，或者说是一群不同业态楼宇的有机集合体。

商业综合体，源自"城市综合体"的概念，不过这两者是有区别的。商业综合体范围要小一些，它是指将城市中商业业态、办公业态、居住业态、酒店业态、展览业态、餐饮业态、会议报告业态、文娱业态等城市生活空间主要涉及的 3 项及以上功能进行有机搭配，并在各部分之间建立一种相互依存的关系，从而形成一个多功能、高效率、复杂而统一的综合体项目。比如在深圳，目前大家口中的综合体实际上多数指商业综合体。如恒大分布在全国各地的恒大文旅城，就是典型的城市综合体的模式。

从图 2-1 可以看出，综合体的发展与区域经济社会发展的地理空间具有很强的关联性，乡村之于城市，主要围绕乡村产业和乡村居民的生活，在传统的农业社会，这一功能主要局限在农产品的生产和乡村居民的生活，但是随着社会经济的发展，现代社会里面，乡村功能发生了巨大的变化，除了基础性的种养殖业和乡村居民生活、文化之外，乡村的生态功能、乡村旅游功能、乡村给予城市居民的体验逐渐产生，进而成为城市居民空间拓展的地区。

因此，伴随着城乡居民对农业科普、农业体验和乡村旅游的广泛需求，一种基于科普、休闲、观光、体验、饮食为主的综合体形式在应运而生，即田园综合体产生。

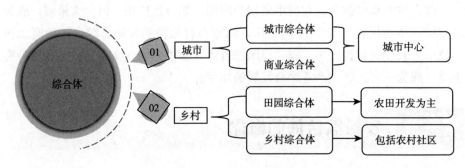

图 2-1　综合体的概念演变

二、田园综合体的提出及发展

❶ 田园综合体的提出

田园综合体是集现代农业、休闲旅游、田园社区为一体的乡村综合发展模式，目的是通过旅游助力农业发展、促进三产融合的一种可持续性模式。2012 年，田园东方创始人张诚结合北大光华 EMBA 课题，发表了论文《田园综合体模式研究》，并在无锡市惠山区阳山镇实践了第一个田园综合体项目——无锡田园东方，2016 年 9 月中央农办领导考察指导该项目时，对该模式给予高度认可。2017 年"田园综合体"一词被正式写入中央 1 号文件。田园综合体逐渐得到社会的广泛认可，成为一三产融合的主要途径，成为社会资本投资农业的热点领域，成为国家财政支农的重点项目选择。

❷ 田园综合体的概念

何谓田园综合体，目前来说，并没有一个统一的概念，基本是从田园综合体规划的角度来谈这一问题。通过对各地田园综合体发展的情况调查和业界所做的田园综合体规划来看，所谓田园综合体就是以种植业为载体，融合农业休闲观光、科普教育、农业体验等乡村旅游业为一体的，集种植业、农产品简单加工园、农业旅游、农产品营销、农业康养为一体的新型农业生产模式，是一三产业有机融合的载体、是农业多功能化的体现、是提高农业经济功能的重要途径。

❸ 田园综合体的发展及存在的问题

从 2017 年到 2018 年，短短两年时间里，仅批准建设的国家级田园综合体项目就达 24 家，涉及 18 个省市，除新疆、青海、宁夏、西藏、贵州、黑龙江、吉林、辽宁、上海、天津、北京和湖北等省市外都有，而且相当一部分省市都在 2 个以上（表 2-1）。

表 2-1 国家级田园综合体发展情况

省份	区域	项目名称
广西	广西南宁	美丽南方田园综合体
山东	山东临沂	沂南县朱家林田园综合体
山西	山西临汾	襄汾县田园综合体
河北	河北唐山	迁西花乡果巷田园综合体
福建	福建武夷山	五夫镇田园综合体
湖南	湖南浏阳	浏阳故事梦画田园——田园综合体
湖南	湖南衡阳	衡山萱洲田园综合体
浙江	浙江湖州	安吉县"田园鲁家"
浙江	浙江绍兴	"花香漓渚"田园综合体
云南	云南保山	隆阳区田园综合体
四川	四川都江堰	天府源田园综合体
广东	广东珠海	岭南大地田园综合体
江苏	江苏南京	溪田园综合体
江苏	江苏泰州	兴化缸顾乡千垛田园综合体
内蒙古	内蒙古乌兰察布	四子王旗"神舟牧歌"草原综合体
内蒙古	内蒙古包头	土默特右旗大雁滩田园综合体项目
江西	江西南昌	黄马凤凰沟田园综合体
江西	江西宜春	高安巴夫洛田园综合体
河南	河南鹤壁	浚县"醉美麦乡"田园综合体
河南	河南洛阳	孟津县"多彩长廊"田园综合体
海南	海南海口	"丝路海口"田园综合体
重庆	重庆市	忠县"三峡橘乡"田园综合体
陕西	陕西铜川	耀州香山翠语田园综合体
甘肃	甘肃张掖	李家庄田园综合体

但是在后来各地发展过程中，对田园综合体的理解不统一，规划实施标准上和其当初的内涵有很大的偏差，相当一部分田园综合体在发展的过程中打了政策的擦边球，借田园综合体的名义，从农田中获取一定比例的建设用地，在优质耕地上大规模投资建设各类设施大棚、楼堂馆所，成为耕地非农化的主要因素。这折射出了部分地方政府对基本粮田问题的漠视、监管不力和缺失。

资本为什么热衷于投资田园综合体，这里有一个很重要的因素，就是通过田园综合体可以拿到一定配套份额的建设用地，就可以利用建设用地开发房地产，获得丰厚的利润。在耕地日趋紧张的背景下，在国家强调粮食安全战略的前提下，田园综合体这种模式，很显然难以受到市场和资本的追捧。

三、乡村综合体的提出与概念

田园综合化从种植业、养殖业等农业产业与农业科普、休闲观光、农业体验等维度构建了农业产业体系、农业生产体系和农业经营体系，探索了新型农业模式，但是从目前全国发展的形势来看，这一模式存在以下几方面的局限性：

第一，普适性比较差。这一模式重点强调农旅融合，对周边消费人群的经济水平、消费群体特征有着比较严格的要求，在农旅融合过程中，农业仅仅是一个载体，普遍弱化了农业基础功能，而强调农业文化、科技、科普和体验功能，因此，这一模式对消费市场和人群所处的环境具有严格的要求，并不适合全面推广，明显不太适合乡村振兴战略中的针对全部乡村推进。

第二，商业味比较浓。从农旅融合的角度和投资主体来看，这一模式，片面追求经济效益，目的性很强，以商业资本为投资主体的新型农业发展模式，追求经济效益是其本身的属性，基本上弱化和淡化了农产品保障这一农业基础功能，很难保障国家粮食安全的战略目标。

第三，综合体的结构失调。很多田园综合体在规划之初，在产业的空间布局上，基本上以设施大棚为主，大田作物重点安排果蔬等作物，所谓的田园综合体，根本找不到"农田"，找不到大宗农作物，是典型的"有园无田"，丧失了田园综合体科技示范的初心，一方面占据了大量的耕地，从事与粮食生产毫无关系的一些果蔬的种植；另一方面，享受政府优惠的财政支农政策。

第四，农民的参与度不高。很多田园综合体的经营主体，是具有实力的一些资本和企业，在当地政府的帮助下从驻地农户手中流转来土地，但是在其经营过程中，农户真正能够参与经营的并不多，真正能够帮助所在地村民集体经济建设的少之又少，农户和当地的村集体所获得的只是微薄的土地出让租金，处于合作的弱势地位，很难从中获得更高的收益。

因此，基于以上原因，提出乡村综合体的发展理念，以系统解决乡村振兴过程中田园综合体局限性，实现以村民为主体的新型乡村发展建设的理念。

所谓乡村综合体是乡村振兴过程中，以乡村建设为中心，以乡村产业振兴为重点，以乡村生态保护与修复为抓手，系统构建基于乡村人居生活环境＋产业体系＋生态保护＋乡村文化建设＋乡村高效治理为主的新型乡村发展模式，以系统的思维，重构人、田、环境等要素的综合体，实现乡村现代产业体系、现代经营体系、乡村文化传承和乡村高效治理的新型发展模式。

四、乡村综合体的结构及功能

关于乡村综合体的内涵，从系统的角度来说，包含两个方面，一是乡村综合体的结构，二是乡村综合体的内涵。乡村综合体结构与功能思维导图见图2-2。

❶ 乡村综合体的结构

从系统的角度来看，乡村主要包含乡村居民、乡村社区和乡村环境三大板块。

乡村居民从现代乡村居住的人口类型和未来乡村居民的类型来看，应该包含常住居民、户籍居民、新型经营主体和旅居居民四大部分。其中，户籍居民指其户口在村里面，本人长期不在村里居住；新型经营主体，主要指长期居住在村里从事农业或者与农业相关产业的经营者，其户籍不在本村；旅居居民，这部居民主要是指旅居在村中养老、短期性居住的居民，未来随着社会经济的发展，城市居民选择在乡村旅居的情况会越来越多，部分村庄可能成为短期旅居居民的主要据点。

乡村社区是一个复杂的系统，其主要由乡村居民居住场所以及服务乡村居民的教育、医疗、文化、养老、乡村管理和乡村商贸集市等场所构成，是乡村居民生活、生产、文化活动、社会活动的重要载体。村庄的构成要素包括居民住宅、道路、垃圾收集处理和废水处理设施等；教育设施包括学校和幼儿园；医疗设施包括乡村医院和康养设施；社会活动设施包括乡村村委会管理设施、乡村集镇等设施。

乡村环境由乡村居民生产生活的空间要素组成，包括农田、森林草原、河流湖泊、大气环境和村庄环境等要素。

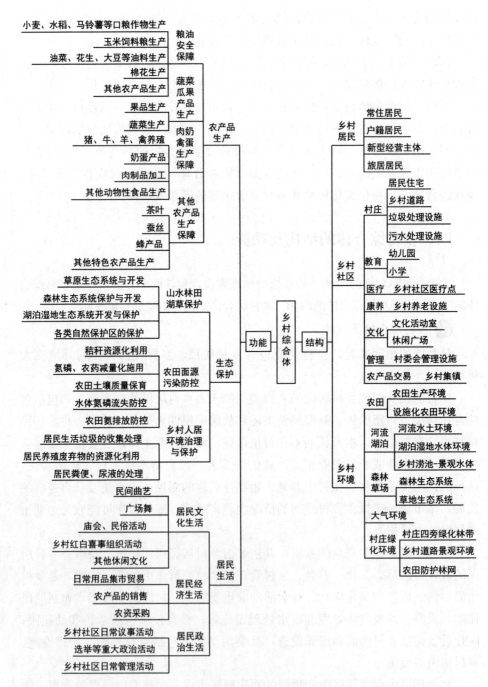

图 2-2 乡村综合体结构与功能思维导图

❷ 乡村综合体功能

乡村是一个复杂的生态社会经济系统，其结构决定功能，根据乡村的结构，其功能包括农产品生产保障功能、生态保护功能与乡村居民文化生活功能三大部分。

农产品的生产保障功能，是乡村最基础最核心的功能，包括粮食安全保障功能、蔬菜瓜果生产功能、肉奶禽蛋的生产保障功能和其他农产品的生产功能，这是乡村最核心的功能。

生态保护功能，主要指乡村生态保护与生态产品的生产功能，包括山水林田湖草沙的保护、农田面源污染防控、乡村人居环境的治理功能。

乡村居民生活功能，是指乡村居民的日常生产活动、文化生活活动和参与乡村治理的社会活动，包括居民政治活动。文化生活活动功能指对传统优秀文化传承的功能、居民日常文化生活，如广场舞、民俗活动、婚丧嫁娶、其他休闲文化活动。

第二节 乡村综合体类型

一、乡村综合体类型划分的目的

乡村综合体是利用综合体的理念，将乡村人居环境建设、整治与乡村产业、乡村文化、乡村治理结合在一起的乡村规划理念，是基于规划学范畴的乡村规划理念，其目的是改变单纯的以村庄规划或单纯的田园产业规划为主的规划理念。

乡村综合体类型划分是基于不同乡村的区位、自然、社会经济发展水平和人口因素，结合其在国家经济社会中所处的功能进行分类规划设计，其目的是为同类型乡村发展提供可借鉴、可复制的规划方案。

二、乡村综合体划分原则

❶ 保障国家粮食安全战略的原则

在乡村振兴的过程中，如何夯实国家粮食安全战略基地的原则，这既是国家战略需求，也是乡村振兴的重要任务，因此，在乡村综合体划分过程中，应该遵循这一原则，坚持乡村粮食生产功能的原则，把粮食生产功能区与乡村综合体的划分结合起来，在乡村振兴过程中凸显乡村的粮食生产功能。

❷ 保障国家生态安全战略的原则

我国地域复杂，西部地区生态比较脆弱，很多乡村处于国家生态保护区和脆弱的生态区。这些地区的乡村对保障国家生态安全和生态产品的生产提供具有重要的作用。因此，在乡村综合体类型划分中，必须把生态保护和乡村综合体的建设结合起来，遵循生态保护的原则。

❸ 突出文化传承与保护原则

我国乡村类型复杂多元，尤其乡村的民俗、文化极其多元。因此，在乡村综合体类型划分中，必须突出文化传承与保护的原则。

三、乡村综合体划分的依据

乡村综合体可以划分为几种类型，基于乡村振兴过程中分类规划设计乡村的基本原则，并结合乡村在国家战略中承载的使命和任务对乡村综合体进行划分，一般有以下依据：

❶ 乡村复杂性和多元性

我国地域面积比较大，不同地区其乡村地形地貌、所处的气候等自然禀赋差别很大，加之我国乡村的发展历史比较悠久，每一个乡村在其长期发展过程中形成了千差万别的乡村地域文化和风俗习惯，这是乡村综合体分类的客观依据。

❷ 乡村所承载功能的差异

乡村是我国农产品生产保障的前沿阵地，承载着我国居民生活所必需的粮食、肉奶禽蛋、蔬菜瓜果、文化产品等农产品生产保障的使命和重任，因此，功能的差异是乡村综合体类型划分的重要依据。

❸ 乡村所处的区位不同

我国乡村有的分布在城市周边、有的远离城镇、有的在偏远地区，交通和区位差异很大，这是乡村综合体规划设计中必须考虑，也是乡村综合体划分的重要依据之一。

❹ 分类推进乡村振兴政策依据

《乡村振兴规划 2018—2022》《中共中央 国务院关于全面推进乡村振兴加

快农业农村现代化的意见》等文件中，明确提出分类推进乡村振兴的意见，这为乡村综合体的分类规划提供了政策依据。

四、乡村综合体的划分及界定

根据乡村综合体的结构与功能关系，结合乡村振兴国家粮食安全、生态文明建设和美丽宜居乡村建设的要求，乡村综合体的类型可以划分为农产品生产保障型、生态保护与生态产品提供型、文化传承型、城郊结合型，四大类乡村综合体类型见表2-2。

表2-2 乡村综合体类型

大类划分	二级类型	主要功能	划分依据
农产品生产保障型	粮食生产保障型	小麦、玉米、水稻、薯类等大宗粮食作物；特色杂粮作物生产与保障型	国家粮食主产区；粮棉油生产区；特色农作物生产区
	果蔬生产保障型	瓜果蔬菜等园艺作物生产保障型；苗木花卉	果业生产区；蔬菜生产基地区；苗木花卉生产区
	肉奶禽蛋生产保障型	猪、牛、羊、鸡鸭禽肉生产；牛奶生产；禽蛋生产保障等	牧区畜产品生产村；农区畜牧业生产村
	特色农产品生产保障型	干杂果、茶叶、烟草等特色农产品生产保障	林果业生产村；茶园种植村；烟区
	农产品加工与乡村工业型	以农产品加工为主；乡村工业产业生产	农产品加工村；乡镇工业村
生态保护与生态产品提供型	位于山水林田湖草沙生态保护区的村庄	各类生态自然保护区；土地生态修复与治理；脆弱生态保护区的生态修复	各类自然保护区所在村；脆弱生态区所在的村庄
	生态旅游产品的生产	开展生态旅游、生态康养等产品的生产	具备开展生态休闲观光农业、农业科普教育、康养产业生产的村庄
文化传承型	古镇、古村落等文化遗产保护	文化古镇、古村落、历史文物保护与修复	古村落、文化古镇、文化遗址等村庄
	非物质文化遗产保护与传承村落	地方戏曲、剪纸、民俗等保护村落	具有非物质文化传承的村庄

（续）

大类划分	二级类型	主要功能	划分依据
城郊结合型	大城市郊区、城中村等村庄	距离城市比较近，具有很好的区位优势，人员聚集多；是乡村旅游的主要村落	距离城市、城镇的距离和人员流动情况
	中小城市和乡镇周边村庄	布局在中小城市、紧邻乡镇，仍然以农业生产为特征，是城乡一体化发展的重点区域	城市和乡镇周边村落

❶ 农产品生产保障型乡村综合体

这种类型的乡村主要承担国家粮食、肉奶禽蛋、瓜果蔬菜、杂粮杂豆等产品的生产，是乡村的基础功能，也是国家的重大需求。根据产业布局，可以分为粮食生产保障型、肉奶禽蛋生产保障型、果蔬生产保障型、特色农产品生产保障型和农产品加工为主导的乡村。

❷ 生态保护型乡村综合体

其主要功能是保护山水林田湖草沙等生态屏障和生态安全，主要指位于生态保护区、生态脆弱区、自然保护区的村庄，其乡村振兴主要以生态保护为重点，将生态保护与乡村振兴统筹，构建生态保护型的乡村综合体。

❸ 文化传承型乡村综合体

重点指拥有古镇、古村落等物质文化遗产和非物质文化遗产的村落，这类村庄承载着中国千年文化发展的重任，其在振兴过程中，重点将遗址、遗迹、民俗、曲艺等文化遗产结合起来，这类村庄是文旅融合、综合体构建的重要类型。

❹ 城郊结合型乡村综合体

这类乡村综合体主要指位于城市周边、小城市和乡镇周边的村庄，具有明显的地理区位优势，重点将服务城市居民休闲旅游、休闲观光和科普教育结合起来，实现这类乡村的振兴。

第三章

乡村综合体构建的基础理论方法与思路

用什么理论、什么方法构建乡村综合体，乡村综合体构建的基本思路是什么，涉及乡村综合体规划和建设的方法论。本章从理论层面分析和探讨乡村综合体建设的理论依据、构建的基本方法和思路。

第一节　乡村综合体构建的理论体系

从乡村综合体的概念、内涵来看，乡村综合体是集乡村人居环境、乡村产业体系、乡村文化习俗、乡村社会治理等多要素为一体的空间集合，是居民在乡村这个特定的空间上，开展农业生产、文化生活、社区管理等活动有机组成的体系。因此，乡村综合体的构建理论应该包括系统工程理论、规划学理论、乡村建设理论、农业产业化理论、生态学理论、乡村社会学理论等相关学科（图 3-1）。

图 3-1　乡村综合体理论体系

一、系统工程理论

是乡村综合体构建最基础和核心的理论依据，是将乡村人居、乡村经济、乡村生活、乡村生态、乡村文化、乡村社会治理等要素按照系统的思想进行构架，从系统的角度，构建乡村振兴战略的模式，将乡村的人居、生产、生活作为一个整体进行构建，而不是单纯的偏向哪一边。

二、规划学理论

基于系统的思维，从规划学的角度，对乡村人居环境、产业体系、生态治理、文化传承与保护、乡村治理等进行系统的规划设计，构建出结构合理、功能完善，宜居宜业的新型农业农村发展体系。

三、乡村建设理论

立足新发展阶段，乡村建设是乡村振兴的重点，乡村建设不单纯指村庄建设，乡村建设应该包括以村庄建设为切入点系统开展的乡村产业建设、乡村文化建设、乡村生态建设、乡村治理体系建设等内容（图3-2）。

图3-2　乡村建设内容

四、农业产业化理论

产业是乡村振兴的重点。乡村综合体构建过程中，产业是乡村综合体构建的重点内容，因此，基于乡村产业理论，乡村产业的建设包括产业体系构建、生产体系构建、经营体系构建，包括一二三产业融合下的新型乡村产业业态的建设，将乡村农产品生产保障功能与乡村经济发展有机结合起来，既满足国家战略层面上对乡村农产品生产需求的保障，又能够为乡村居民的经济收益提供产业支撑（图3-3）。

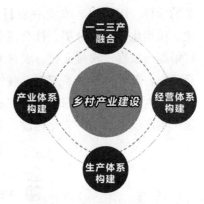

五、生态学理论

图3-3　乡村产业建设的内容

生态学是研究生物与生物之间，生物与环境之间能量流动、物质循环、信息传递的学科，乡村综合体是以乡村为载体，系统研究乡村居民与乡村聚落、种植业、养殖业、农产品加工业之间关系的有机整体，具有很强的价值流，是生态学物质循环、能量流动、信息传递等原理在乡村社会生产的应用，是典型的农业生态系统。在乡村振兴中，基于生态学的基本理论，构建人居生态环境、产业生态环境、自然生态环境之间协调发展的生态系统；根据乡村生态振兴，重点进行山水林田湖草沙自然生态系统的保护；农业生产过程废弃物的综合利用，面源污染综合防控、农田土壤修复等；乡村居民人居环境的综合整治等任务（图3-4）。

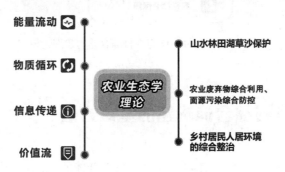

图3-4　乡村综合体生态治理

六、乡村社会学理论

乡村社会学是社会学的重要分支学科之一，是主要研究农村个人与社会关系的学科。以农民、农业和农村为主线，对乡村人地关系、经济制度、工业化、城镇化、社会分层、社会流动与农民工、民主与村民自治、农村组织、农村婚姻与家庭、农村文化、农村教育、农民负担、农民扶贫和农村社会保障进行研究，具有典型的系统性、整体和宏观性，融合了农业经济学、政治学、管理学的内容。在乡村综合体规划和建设中，乡村社会学对乡村社会组织、乡村居民生产经济活动、文化建设、乡村社区管理具有重要指导作用（图 3-5）。

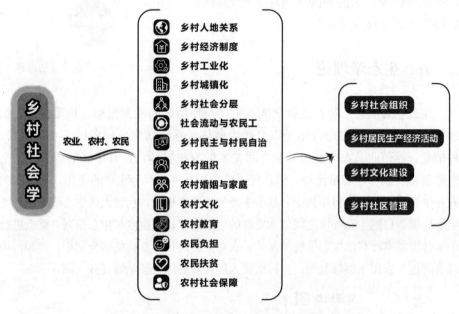

图 3-5　乡村社会学与乡村综合体构建理论模式

第二节　乡村综合体构建的基本方法

科学构建一个乡村综合体，是建设乡村综合体的关键，乡村综合体的构建一般包括构建的基本思路、构建的流程、构建内容等。

一、乡村综合体构建的基本思路

立足于新发展阶段，通过对国家、省市县不同层级乡村振兴大战略背景、政策的梳理，结合规划区域区位特征、自然资源、社会经济、人口水平、城市化程度、区域农业发展布局定位、文化资源特征，以系统工程理论、规划学理论、乡村建设理论、农业产业化理论、生态学理论、乡村社会学等相关学科的理论为指导，将乡村社区建设、产业发展、生态治理、文化保护与传承和社区管理等统筹规划，明确乡村社区建设、产业发展、生态治理、文化保护与开发、乡村治理等方面的路径，实现"产业兴旺、生态宜居、乡风文明、治理有效、生活富裕"总体要求（图3-6）。

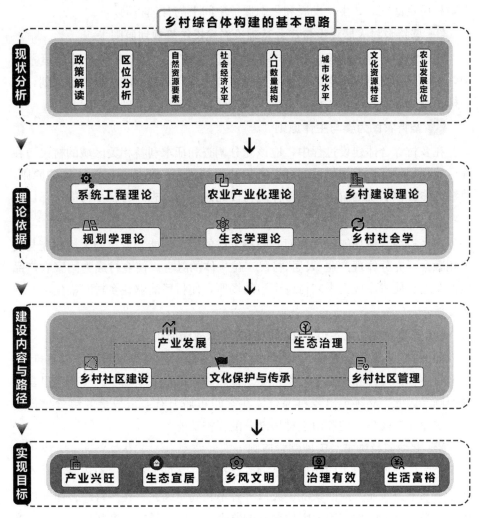

图3-6　乡村综合体构建基本思路

二、乡村综合体构建的基本原则

1 坚持生活空间、生产空间和生态空间布局合理原则

在乡村综合体规划编制和顶层设计过程中，首先要明确村民村庄布局在什么地方、农业生产布局在什么地方、山水林田湖草的生态保护在什么地方，坚持生活空间、生产空间和生态保护空间的统筹规划和布局，坚持依法依规科学保障村民生活宜居、生产发展和生态保护空间上的合理布局。

2 坚持乡村人居建设与产业基础设施建设统筹规划原则

水电网管路等基础设施建设是乡村建设的核心，在乡村综合体建设过程中，应该坚持把村庄水电路网渠系建设与农业生产基础设施建设统筹规划，统一标准规划，统一施工建设，力求人居基础设施与产业基础设施配套。

3 坚持农民为参与主体原则

在乡村综合体建设过程中，应该充分调查和征求利益相关区域的村民，在综合体规划设计环节把村民的意愿和想法吸纳进去，坚持村民为主体的原则，使综合体在顶层规划阶段就能够体现村民的意愿和意志，符合乡村的实际。

4 坚持农业农村农民融合共生原则

在乡村综合体功能设计方面，坚持乡村的生产功能、乡村的生活功能与村民相融合，充分体现产业-人居-村民三位一体的融合。使乡村成为国家农产品生产基地、使村庄成为未来村民生活的场所，使村民能够在乡村幸福生活、快乐生产。

5 坚持乡村功能定位突出国家服务国家战略原则

如何突出国家粮食安全和生态文明建设，是乡村综合体建设的主要目标，在乡村综合体规划和建设中，坚持突出保障国家粮食安全和生态文明建设功能的原则。因此，必须突出乡村综合体在空间布局上有一定数量的粮食生产功能、农业面源污染防控和山水林田湖草的保护功能。

6 坚持因村施策，因地制宜原则

我国地域辽阔，不同的生态类型区乡村区位条件、自然资源禀赋、社会经济发展水平、产业发展的状况、人口等各不相同，因此，在乡村综合体建设过程中，必须坚持因地施策、因地制宜的原则，不同乡村针对其区位条件、生产水平、资源禀赋、人口等要素，因地制宜规划设计，避免千村一面。

乡村综合体构建的六原则如图 3-7 所示。

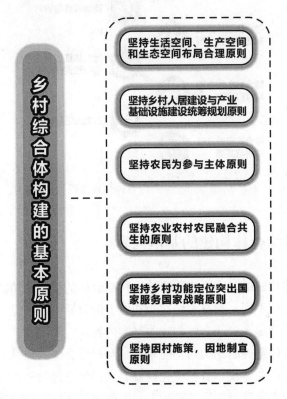

图 3-7　乡村综合体构建的六原则

三、乡村综合体构建的流程

乡村综合体的构建采取什么样的步骤，一般有哪些环节，怎么把握？是乡村综合体规划设计和构建的关键。针对乡村综合体的特点，结合乡村综合体规划设计、实施的要求，乡村综合体的构建一般按照以下流程（图 3-8）。

乡村综合体构建首先要弄清楚综合体建设所在区域的区位、自然资源状况、社会经济、产业发展水平和人口以及基础设施等；在此基础上，提出综合体建设的思路以及对综合体的定位；在明确定位的基础上，反复研讨综合体建设的内容与实施任务，进而制定综合体建设的方案，提出综合体实施建设的保障措施，完成综合体的规划方案，在对规划方案论证的基础上，制定综合建设实施方案。

图 3-8 乡村综合体构建流程

四、乡村综合体构建的基本内容

乡村综合体构建的基本内容取决于乡村综合体的结构与功能，不同的乡村综合体由于其定位不同，存在着结构和功能上的差异，在建设过程中遵循因地制宜的原则具体确定乡村综合体构建的基本内容。

从乡村综合体普遍的结构与功能来看，乡村综合体的建设一般包括乡村聚落的建设、乡村产业建设、乡村文化建设、乡村生态建设和乡村组织建设等五大建设内容，在五大建设内容的基础上，需要加强乡村基础设施建设和乡村服务设施建设（图 3-9）。

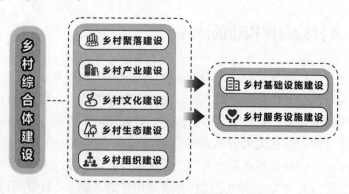

图 3-9 乡村综合体建设的基本内容

第四章

乡村综合体构建的任务及实施途径

明确乡村综合体建设的内容之后，根据乡村综合体建设的原则和依据，进一步探讨每一部分内容的具体建设任务、实施路径，对指导乡村综合体的构建具有重要的意义。

第一节　乡村综合体空间布局

一、乡村综合体空间布局的概念及特征

❶ 乡村综合体构成要素空间布局概念

空间布局的核心问题是人在什么地方住、田在什么地方种、山在什么地方立、河在什么地方流、林（草）在什么地方长、病在什么地方看、学在什么地方上、老在什么地方养、事在什么地方议、路在什么地方修、客在什么地方住、物在什么地方买（卖）。

何谓乡村综合体的空间布局，乡村综合体的空间布局是指构成乡村综合体各要素在一定区域范围内的空间位置，或者构成要素在乡村综合体规划范围内占据的空间范围。前者是指构成乡村综合体的乡村聚落、山水林田湖草沙、道路、学校、医院等基础设施与服务设施在这一区域内的空间位置，后者是指这些要素在这一区域内所占的面积。因此，乡村综合体空间布局是指构成乡村综合体的诸要素在空间位置重置和占据空间的范围及其边界的划定，简单来说就是位置在哪里、范围有多大、边界在哪里。

❷ 乡村综合体构成要素空间布局的特征

根据乡村综合体的构成要素，乡村综合体构成要素具有空间上的稳定性和可变性两个特征。

（1）乡村综合体构成要素的稳定性。是指构成乡村综合体的要素中，有些是不可变的，是稳定的，如山、水、林（草）、田等生态要素在空间上具有一定的稳定性，属于地形地貌和地理资源要素，很难随社会经济的发展而发生空间上的位移，具有相对的稳定性，这些是乡村综合体的自然属性。

（2）乡村综合体构成要素的可变性。是指构成乡村综合体的要素中，有些要素是随着社会经济的发展而发生变革的，如乡村聚落、学校、幼儿园、医疗机构、道路、渠系、农贸市场等乡村综合体的社会属性的设施，一般可以随着社会的发展发生变革，具有可变性。

明确了乡村综合体的稳定性与可变性特征，对乡村综合体构成要素的空间优化和配置具有重要的作用。稳定性要素是无法改变的，必须遵循其现实的空间布局状态；可变性要素是乡村综合体构建过程重点需要优化的部分，也是乡村综合体构建过程唯一能够进行优化的部分。

二、乡村综合体空间布局构建的内容

❶ 乡村综合体构成要素的确定

在乡村综合体空间布局之前，首先要考虑乡村综合体的构成要素。一般乡村综合体构成要素主要是乡村聚落、乡村产业、生态单元、基础设施、服务设施建设等要素。针对具体的乡村综合体的构建，其要素有一定的差异，根据情况具体确定。

按照要素的划分可以划分为地理要素，如山、水、林、田、湖、草等地理单元构成要素；产业要素，如农田、市场、灌溉渠系、田间生产道路等要素；人居环境要素，主要指村民住宅、村庄道路、村庄排水设施、村庄垃圾处理设施；以及基础设施，水、电、路、网等通讯要素。

❷ 要素地理空间位置的确定

乡村综合体构成要素地理空间位置的确定指的是主要素的选址问题和应该占据空间的位置问题。根据乡村综合体构成要素的属性，对稳定性要素和可变性要素两者在地理空间的布局要求是不同的。

（1）稳定要素的空间位置确定。山水林田湖草沙等属于稳定性要素，其在地理空间上具有相对的稳定性，在乡村综合体构建过程中，这些要素在地理空间上的布局是固定，如山、自然河流、湖泊、森林、草地、沙漠等这些要素是比较固定的，一般无需改变，也不允许改变，在综合体构建过程中，要充分遵循这一属性。

农田在乡村综合体构建过程中，由于其既具有土地的自然属性，又具有土地的法律属性，一般根据国家法律，基本农田范畴之内的田地是稳定的，在综合体构建过程中，应该严守这一属性。

（2）可变性要素空间位置的确定。可变性要素是乡村综合体构建的重点，主要包括乡村聚落空间位置、乡村基础设施和乡村服务设施的构成要素的空间位置的确定。

乡村综合体可变性要素空间位置的确定，首先要确定乡村聚落，即明确人居住在什么地方，传统的北方地区乡村聚落一般以村民的生产便利为主，如以劳动便捷为主形成的乡村聚落，逐步向以交通便捷为主、以距离城镇近等为主转变的过程，因此，交通区位、城市消费市场的区位等因素是决定乡村综合体聚落选址的关键因素，但是，遵守现实也是一个很重要的因素。

在乡村聚落的位置确定好之后，围绕乡村聚落的构建，将乡村居民的生活道路、医疗、教育、文化、议事等机构的位置也确定下来。

最后，根据乡村综合体农业生产的要素特征，确定物流、田间生产道路、配套渠系等农田基础设施。

❸ 构成要素范围及边界的划定

在确定乡村综合体构成要素的空间位置之后，进一步划定乡村综合体构成要素中的村民生活空间及乡村聚落空间、村民生产空间、生态保护与治理空间的范围，严格遵守三条红线和耕地属性。

三、乡村综合体空间布局的实施路径

❶ 稳定性要素空间布局的实施路径

稳定性要素由于其固有的属性，在空间布局的时候，维持其原有的状态，重点要明确其范围。

这些要素与生态管控空间有着密切的关系，因此，在乡村综合体空间布局的过程中，首先以国家国土空间管控规划为依据，确定山水林田湖草沙的空间范围、划定红线。

生态保护系统构成要素的红线划分：依据国土空间规划、各地土地利用规划，对乡村综合体规划范围内森林保护的空间红线、河流湿地的生态红线、农地耕地和基本农田的红线严格管控。

❷ 可变性要素空间布局的实施路径

可变性要素的空间布局途径主要以乡村聚落为核心，对乡村基础设施、乡村服务设施等要素空间进行布局优化。

首先要选择乡村聚落位置，乡村聚落位置的选择一般围绕旧址，或者以已有的乡村为主进行村庄的空间重构。

在乡村综合体构建过程中，一个综合体的乡村聚落可能不止一个，首先要对综合体内容的乡村聚落等级进行划分，明确核心村、一般村和乡村社区，根据乡村综合体规划的目标及定位，确定综合体中乡村聚落的建设范围（图4-1）。

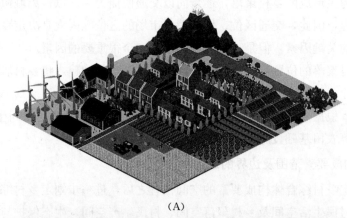

(A)

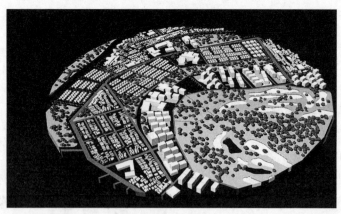

(B)

图4-1　乡村综合体建设的基本内容

其次要围绕综合体乡村聚落，就综合体内部的道路、垃圾搜集、垃圾处理、水电网络等基础设施进行布局规划；同时对幼儿园、学校、医疗机构、养老机构、公共文化娱乐设施、社区管理机构和农产品流通服务设施等基础设施进行布局。乡村综合体空间布局途径见图4-2。

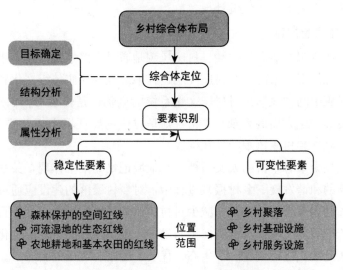

图4-2　乡村综合体空间布局途径

第二节　乡村聚落建设

一、乡村聚落构建的内容

根据乡村综合体构成要素，乡村聚落的构建包括村庄建设规划、围绕村庄功能的基础设施建设、服务设施建设等三大板块。

（一）村庄建设的内容

包括村庄聚落空间布局、村庄风貌规划设计、住宅规划建设。

❶ 村庄聚落空间布局

村庄聚落布局是指农村村民居住和从事各种生产的聚居点，包括教育医疗服务设施、广场道路园林公共设施和农田、林地、果园等生产设施的空间布局。

在乡村综合体构建过程中，乡村聚落的重构是对综合体内村庄构成诸要素在空间上的重构。即围绕中心村，从空间上优化和重构乡村管理设施、教育、医疗、养老、文化娱乐、交通、生产设施、生态设施，其重点任务是对综合体构成诸要素在空间上系统化设计。

❷ 村庄风貌构建

（1）村庄风貌的概念与内涵。村庄风貌是通过自然景观、人造景观以及非物质文化景观体现出来的，在村庄发展进程中形成的村庄传统文化和生活的环境特征。风貌中的"风"是对村庄文化系统的概括，是传统习俗、风土人情、戏曲、传说等文化方面的表现；"貌"则是村庄物质环境中相关要素的总和，是"风"的载体和村庄风貌的外在构成。

村庄风貌凝聚着丰富的人文精神，是地域记忆的集中体现，关系着文化的传承与社会的和谐发展。乡村振兴过程中，对乡村聚落的建设应通过保护、继承、延续和利用乡土特色景观，减少对村庄风貌环境的冲击，使千百年来保留下来的传统风貌和文化资源得到保护与发扬，也使得村庄特有的文化、自然景观得以永久延续，进而创建一个生态、优美、健康、宜居的新农村。

（2）村庄风貌规划对策。统一规划村庄建筑。村庄改建和新建工程必须按照"统一规划，统一设计，统一建设，统一配套，统一管理"的原则进行。在具体的建设过程中，一定要充分考虑农民的生产生活需要，以最大限度地节约土地为基本落脚点。对于村庄模式，建议首先要敢于颠覆传统的散居村落模式，充分发挥集中农舍的作用。合理布局、科学安排，全面提升生产区、生活区的合理性。比如，生活区要结合社区服务的需求，积极完善各种服务设施；而生产区则要以方便乡村企业发展为基础。在具体设计住宅样式方面，则要遵循独门独院这一基本原则。另外，出于土地空置率、容积率等方面的考虑，可结合具体需要合理发挥多层集体住宅的优势。针对当前传统的自建房方式，要敢于改变，积极开发新型建房方式，综合统一开发。在具体规划中心村、基层村方面，则要结合具体要求，突出特点。此外，在设计规范住宅、村庄时要充分考虑现有的地理环境、地方特色，做到因地制宜，传承文化遗产，尊重风土人情，重视生态环境，立足当前利益并兼顾长远利益，量力而行。

加大对公共绿地的建设。结合村庄自然环境和历史人文环境，突出重点进行绿地布局，确保公共绿地分布的均匀性，塑造高层次、多功能、点线面结合的园林绿地系统，创造丰富多彩、就近方便的居民游憩环境。在绿地规划中，应以乔木为主，辅以灌木和花草，组成合理的植物群落，提高公共绿地的生态效益。

特色村庄风貌规划需因地制宜、单独设计，合理规划村庄特色。在具体的设计中，一定要充分考量现有的特色风貌，不可过于盲目等同自然村。要充分体现农村特有的"特色"，合理融入乡风民俗、街巷空间以及生态环境、建筑符号等特色。在具体规划时，一定要积极探讨，充分挖掘村落内的特色，结合现有的文化底蕴，推陈出新，模拟过去的生活场景、联系纽带，寻找改变历史空间的根本原因，全面把握村落特有的肌理、文脉。另外，还要注重设计处理，诸如村口标志、公共空间及街巷空间等最能表现村落的重点部分。比如，英格堡乡月亮地村古村落，既能够充分反映这一村落特有的民俗情，又将村落特有的彩绘艺术、合院淋漓尽致地体现出来，这不仅更有利于人们进一步感受历史文化，更为重要的是透过此规划设计，满足人们对于历史文化的需要。

注重原生态资源的利用。相较于城市，村庄最大的特色就在于具有显著的山水格局。换言之，即认为村落是与自然环境相生相克、相得益彰，如果损坏了自然环境，那么就相当于破坏了村庄。村庄只有依附于大自然，才能健康发展。在开发利用民俗特色村落时，一定要充分彰显民俗村落的特色，结合生态环境、经济等各方面的要求，合理改善生态环境，为人类营造一个更具生态性的家园，彰显生态文明之魅力；合理开发利用现有的各种资源，为快速促进生态经济发展保驾护航；同时还要结合村落的特色，全方位体现地方特色的魅力。

注重公众参与。对于当地居民而言，他们世代都生活在这里，是最了解村落的文化和历史底蕴的。因此，要做好规划，就必须充分倾听他们的心声，让广大村民积极投入其中。具体可采取访谈等方式，从村民处了解更多的历史文化底蕴。只有满足了居民的生活要求，提高了生活的舒适性，才能深度挖掘历史文化内涵，稳定村内人口，避免人口大量流动造成空心化现象。全面提升公众的参与性，才能让更多的民众参与游人的互动，千方百计让游客真正融入当地文化中。

❸ 乡村居民住宅规划

乡村居民住宅规划，包括在住宅选址、房屋布局、房屋结构、建筑风格方面进行系统规划设计。规划设计过程中，以各地颁布的相关规范和标准为依据。如《自然资源部办公厅关于加强村庄规划促进乡村振兴的通知》，以及各地方政府发布的乡村住宅建设的指导意见。

（二）村庄基础设施建设

包括村庄街区道路交通规划、给排水规划、电力规划、乡村信息化设施、农产品仓储物流和交易设施。

要致富，先修路，道路交通是乡村实现人员、物资、信息流通的主要通道，一般包括交通体系、线路布局、线路等级、线路交叉、桥涵、建设标准以及交通基础设施等内容。本书中，乡村道路交通主要指村庄内部的交通体系、乡村综合体系内部各要素之间的连接通道，专门针对综合体内部的交通设施进行规划，包括田间生产道路。这一部分内容，在规划编制过程中，严格遵循相关的技术标准和技术规范。基础设施建设标准见表 4-1。

表 4-1　基础设施建设标准

序号	项目类别	示范村	中心村	一般村
1	饮水安全与自来水覆盖	安全饮水率100%，自来水入户率100%	安全饮水率100%，自来水入户率100%	安全饮水率100%，自来水入户率100%
2	电力	电力入户率100%	电力入户率100%	电力入户率100%
3	道路	道路硬化率100%，通村公路全部实现三级公路，通组公路全部实现水泥硬化	道路硬化率100%，通村公路全部实现四级公路，通组公路全部实现水泥硬化	道路硬化率100%，通村公路全部实现四级公路，通组公路全部实现水泥硬化
4	亮化	主要道路、巷道有太阳能路灯，主要路段有监控	主要道路有太阳能路灯，主要路口有监控	主要道路有太阳能路灯，主要路口有监控
5	绿化	村庄主干道沿线栽树，配备花池	村庄主干道沿线栽树，配备花池	村庄主干道沿线栽树
6	天然气	入户率100%	入户率不小于70%	无要求
7	宽带接入率	入户率不小于70%	入户率不小于30%	无要求
8	广播电视入户率	全覆盖	全覆盖	全覆盖
9	生活污水处理	暗管雨污分流，并入镇（办）污水管网	暗管排污，就地进入污水处理站	暗管排污，避免排入河道

（续）

序号	项目类别	示范村	中心村	一般村
10	生活垃圾处理	以"户投放、村收集、镇拉运"做到了垃圾分类回收	以"户投放、村收集、镇拉运"做到了垃圾分类回收	以"户投放、村收集、镇拉运"做到了部分垃圾分类回收
11	卫生厕所	改厕全覆盖，全部达标	改厕全覆盖，全部达标	改厕率不小于70%，基本达标

（三）村庄服务设施

村庄服务设施包括幼儿园、学校、养老设施、村民文化活动设施、村民议事设施。村庄服务设施规划以该地区上位规划编制为依据，以国家相关标准为准则，按照相关标准进行设置。公共服务设施建设标准见表4-2。

表4-2　公共服务设施建设标准

序号	项目类别	示范村	中心村	一般村
1	村委会及办公场所	人员及面积按标准配置	人员及面积按标准配置	人员及面积按标准配置
2	卫生室	面积不低于60平方米，配专职医生至少一名	面积不低于60平方米，配专职医生至少一名	面积不低于60平方米，配专职医生至少一名
3	幸福院	配备厨房、餐厅、休息室、娱乐室、卫生间和办公室，配套相应专职人员及家电设备	配备厨房、餐厅、休息室、娱乐室、卫生间和办公室，配套相应专职人员及家电设备	配备厨房、餐厅、休息室、娱乐室、卫生间和办公室，配套相应专职人员及家电设备
4	文化活动室	配有一定量的图书、健身器械、液晶电视、台式电脑、空调	配有一定量的图书、健身器械、液晶电视、台式电脑	配有一定量的图书、健身器械、液晶电视
5	文化活动广场	配有可进行文体活动的场地，配备一定数量的健身器材	配有可进行文体活动的场地，配备一定数量的健身器材	配有可进行文体活动的场地，配备一定数量的健身器材
6	公共厕所	正常开放运行	正常开放运行	正常开放运行

（续）

序号	项目类别	示范村	中心村	一般村
7	学校	公办标准小学及幼儿园	公办标准小学及幼儿园	公办小学及幼儿园
8	集贸市场	有长期的集贸市场	有长期的集贸市场	有定期的集贸市场
9	手工作坊	有	有	有
10	快递菜鸟驿站	有	有	有
11	农产品电商网站	有	有	无要求

乡村聚落体系构建内容见表 4-3。

表 4-3　乡村聚落体系构建内容

序号	主要内容		建设要点
1	国土空间布局	生态用地布局	林地布局：按照国土空间绿化、生态退耕等政策要求，对生态防护林、农田防护林进行合理布局，明确位置和宽度；对于生态廊道建设，林地结构调整、布局优化、质量提升、保护利用等提出规划 湿地和陆地水域布局：明确河流、水路、坑塘等水体的位置、边界及管理范围。提出湿地和陆地水域管控利用措施
		农业用地布局	耕地布局：落实耕地保护制度，按照耕地后备资源评价，提出新增耕地整治要求，对撂荒地整治提出要求。按照农业种植结构、粮食功能区划、特色农业发展、农业规模化经营等需要，合理划分农业功能分区，促进现代农业发展 园地布局：合理调整园地结构，优化园地空间布局，明确规划期末园地面积、位置。对地方特色农产品区域进行空间引导。对平原地区老化园地退耕，利用未利用地开展林果业进行空间引导 农业设施建设用地布局：合理确定种植、畜禽养殖、水产养殖规划期末各类农业设施建设用地面积、位置。严格按照农业设施建设用地管理的政策，合理引导农业设施建设用地发展
		建设用地布局	调整村庄用地内部结构，加大存量建设用地的挖潜。按照"盘活存量、整体减量、局部增量"和"缩减自然村、拆除空心村、搬迁地质灾害村、保护文化村、培育中心村"的思路，合理确定村庄建设边界，统筹安排宅基地、集体经营性建设用地、基础设施和公共服务设施用地等
2	居民点布局与管控		充分考虑村庄户数及人口规模、宅基地面积标准、产业布局需求、公共服务设施和基础设施建设需求等因素，合理划定村庄建设边界，确定各类建设用地规模和布局

（续）

序号	主要内容		建设要点
3	基础设施和公共服务设施建设	道路交通	包括交通体系、线路布局、线路等级、线路交叉、桥涵、建设标准、交通基础设施等内容
		公用设施 农田水利设施	结合村庄用水条件，按照农业农村、水利等相关规划，落实农田区域水源、输配水、排水等水利配套设施布局和规模
		给水工程	水源水质应符合现行饮用水卫生标准。合理确定供水规模和用水量，确定供水管线建设要求，包括走向、管径、长度等。充分利用自然水体作为村庄的消防用水或设置消防水池安排消防用水
		排水工程	应合理预测雨、污水量，确定雨、污水收集处理设施布局，可根据村落和农户的分布，采用集中处理或分散处理、集中与分散处理相结合的方式；靠近城区、镇区的村庄生活污水宜优先纳入城镇处理系统
		电力与通信工程	电力工程：明确供电电源，合理确定用电量指标，根据村庄实际条件选择电缆敷设方式。供电能满足村民基本生产生活需求，照明路灯宜使用节能灯具 通信工程：合理布局固定电话、互联网、有线电视、广播线路等设施，确定建设标准和敷设方式。优化现有通信设施，完善通信基站等设施
		供热燃气工程	以发展清洁能源、提高能源利用效率、循环再利用、绿色可持续发展为目标，因地制宜地确定供热形式和能源使用方式。有条件的村庄考虑集中供热，确定集中供热设施的位置、规模以及供热管线的走向和管径
		环境卫生设施	合理配置垃圾收集点、建筑垃圾堆放点、垃圾箱、垃圾清运工具等，并保持干净整洁、不破损、不外溢。推行生活垃圾分类处理和资源化利用，垃圾应及时清运，防止二次污染。按照粪便无害化处理要求提出户厕及公共厕所配建标准，确定卫生厕所的类型、建造和卫生管理要求
		殡葬设施	应积极引导村庄公益性公墓建设。在自然地质允许条件下，殡葬设施应当建立在荒山、荒地、非耕地或不宜耕种的土地上
		公共服务设施	村庄公共服务设施采用"社区生活圈—基本居民点"两级配置。根据各地实际情况，社区生活圈以一个或相邻几个行政村为单元；鼓励各类设施共建共享，提高使用效率，降低建设成本，避免重复建设和浪费，应优先保障教育、医疗、文化、体育、养老等宜居生活配套，鼓励新建与改建相结合。公共服务设施配置应符合村庄的实际需求、节约集约用地，并符合国家和地区规定

（续）

序号	主要内容		建设要点
4	产业发展空间引导		科学划定和优化产业功能分区，合理确定村庄农林牧渔产业空间布局，促进生产经营适度规模化。明确商业服务、农副产品加工、仓储物流、旅游发展等经营性建设用地用途、规模和空间布局，推动产业空间复合高效利用，禁止发展污染产业
5	历史文化保护与传承		提出文物古迹、传统建筑、农业遗迹、灌溉工程遗产、文化遗产遗迹、地质遗迹、古树名木，以及宗祠祭祀、民俗活动、礼仪节庆、传统艺术表演和手工技艺等的保护原则、措施。按照保护优先的原则，提出开发利用历史文化资源的方式，将历史文化保护与乡村振兴、乡村旅游、社区营造相结合
6	国土综合整治与生态保护修复		明确森林、河流、湖泊、湿地、草原等生态空间，提出优化乡村水系、林网、绿道等的任务和措施。落实所在乡镇土地综合整治任务，整体推进农用地整理、建设用地整理和乡村生态保护修复
7	景观风貌引导		根据村庄居民生活习惯、地形地貌特征、传统文化特征等要素，落实国土空间规划中的乡村层面的风貌指引，保护村庄风貌整体特色
8	安全和防灾减灾	地质灾害防治	综合考虑山体滑坡、泥石流、崩塌、地面塌陷、旱涝、地震、火灾等各类灾害的影响，提出综合防灾减灾目标，划定灾害影响范围和安全防护范围、禁建范围。确定相应设施建设位置、标准，划定应急避险场所
		消防	结合村庄火险因素、防火重点，明确村庄建筑防火、电气防火、生产生活用火的控制和管理措施，划定消防通道，明确消防水源位置、容量
		防洪排涝	村庄建设应满足上位规划确定的防洪标准要求，避开行洪河道、洪水淹没区等灾害易发区，山地村庄应规划截洪沟，收集和引导洪水
		地震灾害防治	根据村庄所在区域地震设防标准与防御目标，提出相应的规划措施和工程抗震要求；明确村庄内避灾疏散通道和场地的设置位置、范围，并提出建设要求，可结合广场、空闲地、学校操场、村庄主干道等设置
		其他灾害防治	根据村庄建设发展过程中的实际情况，提出相应防灾减灾设施位置和防灾要求

二、乡村聚落构建原则与依据

❶ 村庄聚落构建的原则

村庄聚落构建过中，在布局上坚守红线原则，在村庄风貌规划上坚持自然景观的适宜性、生态性，继承并发扬村落历史文脉，以资源的合理、高效利用为出发点，以景观保护为前提，合理规划和设计村庄各要素景观区内的各种行为体系，为居民创建高效、安全、健康、舒适、优美的宜居环境，建设一个整体可持续发展的村庄。

（1）坚守红线原则。村庄空间聚落布局坚持耕地保护红线、生态保护红线，坚持红线意识。尤其在居民住宅布局、基础设施布局、服务设施布局的工程中，坚持红线意识，严守耕地保护制度，不能占用基本农田。

（2）坚守文化保护原则。对综合体内的文化遗址等文物需要坚持保护原则，在村庄聚落空间重构的时候，要坚持这一原则。

（3）坚守防灾避灾原则。在村庄聚落空间布局重构选址的过程中，坚持在地形地貌上避开地震、滑坡、泥石流等潜在风险地区。

（4）生态多样性原则。充分尊重当地自然景观，保护当地动植物生存环境，科学、客观地认识乡村独特特征，发展与自然生态景观相协调的土地利用方式。

（5）发扬地域文化原则。无论是村庄聚落布局还是村庄风貌构建过程中，地域文化体现在传统民俗、风土民情、色彩因素以及地域特色的生成方面，要尊重地方文脉，挖掘地方文化内涵，传承当地民风民俗，体现乡土气息，突出地方特色，营造村庄特色的景观环境。

（6）整体规划原则。在村庄规划中，应将村庄景观风貌作为一个整体单位来考虑，从景观整体上协调各景观要素之间的关系，应有较好的连贯性、一致性和协调性，呈现生态、美观的村庄整体风貌。

（7）以人为本，可持续发展原则。村民的生活和生产活动是村庄历史真实性的充分体现，是村落历史文脉的延续。应充分尊重当地农民的意愿，维护好当地农民的生活环境，保护好当地的自然环境，合理利用资源，促进生产发展，创建良好的宜居环境，建设可持续发展的村庄风貌。

❷ 乡村聚落构建的依据

乡村聚落重构过程中，应该以上位规划、相关国家法律、法规、政策，以及地方政府出台的相关规划和政策为依据。乡村聚落构建的依据类型见表4-4。

表4-4　乡村聚落构建的依据类型

依据类型	依据级别	名　称
上位规划	国家规划	《国家乡村振兴战略规划》
	省市规划	《××省乡村振兴战略规划》
	地方规划	《××县乡村振兴规划》

（续）

依据类型	依据级别	名　　称
相关法律法规	国家法律	《中华人民共和国乡村振兴促进法》 《城乡规划法》
	省市法规	……
	地方规定	……
相关政策和文件	国家政策文件	《农村人居环境整治三年行动方案》 《数字乡村发展战略纲要》 《关于加强和改进乡村治理的指导意见》 《国务院关于促进乡村产业振兴的指导意见》 《中央农村工作会议》 《自然资源部办公厅关于进一步做好村庄规划工作的意见》
	省市政策	……
相关标准规范	国家标准规范	美丽乡村建设指南（GB） 乡村美丽庭院建设指南（GB）
	地方标准规范	特色田园乡村建设标准（DB） ××美丽乡村建设指南（DB）
	行业标准规范	……

三、乡村聚落构建要求

乡村聚落规划重构过程在遵循相关原则与依据的基础上，还应该注意以下几方面的要求：

❶ 保持乡村特色的要求

乡村聚落构建的过程中，应该坚持乡村的乡村性，而不应该照搬城市规划，把乡村规划成城市，使乡村失去乡村的味道、失去乡村的风格，成为安放在农田里的城市，因此，在乡村聚落的构建过程中，在住宅结构、村庄风貌、街衢、公共设施等方面设计上，坚持保留和拓展乡村的元素，包括建筑材料的选择上，坚持就地取材，结合当地的实际情况。

❷ 彰显传统农耕文化要求

文化振兴是乡村振兴的主要内容之一，如何体现文化振兴，除了文化习俗、文化活动之外，在乡村聚落重构中，尤其是乡村建筑方面，保留和融入中国传统的农耕文化元素，如将传统的耕读文化、孝道文化等与现代乡村的建筑风貌、农业生产融合在一起，在一砖一瓦、一屋一舍充分体现出来，使村庄建筑成为承载振兴乡村文化的载体。

❸ 乡村功能满足现代新农民宜居宜业的要求

乡村综合体构建过程中，其结构必须满足现代新农民对乡村生产生活的需求，如网络信息的畅达、网上购物的便捷、文化休闲、美食、交友的便利等需要；交通设施、健身设施、文化娱乐活动以及住宅的结构、风格、内饰与生活功能要求与现代城市住宅功能一样齐备，在外贸上具有浓郁的中国乡土气息，在内部结构上与现代国际化接轨。

❹ 村庄聚落风貌与乡村田园景观融合的要求

乡村聚落重构过程中，应该坚持和考虑村庄所处的地形地貌、河流走向、植被盖度、作物布局和作物类型，将村庄的人文风貌与周边的地形地貌、植被和田园景观有机的融合进去，使村庄成为当地自然景观的点睛之笔。

四、乡村聚落构建的基本方法与流程

❶ 乡村聚落构建的基本方法

本书关于乡村聚落的构建主要指乡村聚落的规划设计，乡村聚落的构建方法指乡村聚落规划设计过程中所用到的基本方法。一般包括系统分析方法、景观生态学方法、六次产业方法。

（1）系统分析方法。利用系统的思路和方法，将乡村综合体与周边的环境、产业、交通、气候、市场等要素结合起来，统筹规划；如人居环境与周边生产环境的融合统筹、产业与市场的统筹、住宅与山水林田湖草系统和谐设计。

（2）景观生态学方法。综合体的规划设计注重景观系统的构建，即构成综合体要素的村庄-农田-道路-绿化-山体（包括湖、草）等要素中景观要素的设计，利用景观生态学中本底、廊道、板块、碎片等概念、理论和方法，根据乡村综合体构成要素的特征，通过构建综合体本底景观，以各类交通为廊道，将区域内乡村聚落、农田、山水林田湖草等要素衔接起来，使之成为景观协调、结构合理、功能齐全的生态体系。

(3) 六次产业方法。种养殖业为一产、农产品加工为二产、农业服务为三产、信息产业为第四产、文化产业为五产，一二三产与文化产业、信息产业融合，衍生出来的新型产业，如农业与文化产业、农业与旅游等，是现代农业发展重要趋势，也是农业提质增效的重要途径。在乡村综合体规划设计过程中充分利用这一方法，重构综合体内的产业业态，实现以产业业态为主导的综合体持续发展的模式，根据未来农业发展和乡村综合体构建的需求，农业康养产业、耕读产业、休闲观光和科普是综合体产业业态关注的热点。

❷ 乡村聚落构建的基本思路与流程

怎么构建乡村聚落，首先根据规划委托方案的要求，开展与综合体编制相关的资料的搜集，包括综合体的自然及社会发展情况，与综合体发展相关的各类国家、省市等不同层面的政策和法律；其次对综合体设计的上位规划和相关资料进行分析和研判，结合实地调查、研讨，提出综合体规划的总体要求，在此基础上，结合村庄设计理论、产业发展理论和循环农业等理论，按照综合体规划的方法，通过村庄建设、产业、文化、生态、治理等明确和设计综合体的发展模式，最终实现综合体的规划目标。乡村聚落构建基本思路和流程见图 4-3。

五、乡村聚落构建的常见模式

根据我国村庄的特点，分为线性带状分布、聚集和分散模式。

(1) 线性带状分布模式。主要指村庄沿河流两岸、交通道路等沿线，形成了线型聚集模式。

(2) 聚集分布模式。围绕乡村某一场所，形成了团聚状的集聚模式，如传统社会的宗族祠堂、现代社会围绕村民委员会、乡村娱乐设施、工商业中心形成的同心圆聚集模式。

(3) 点状分散式。居民居住比较分散，根据地形地貌、耕地的分布，散落在一定的空间区域内的分布模式。这种模式在秦巴山区等区域比较常见，围绕林地、依据地形，形成了以一家一户为主的分散居住的村落模式，陕西秦岭山区最为典型。

乡村聚落空间布局采取哪种模式，根据综合体所处的地形地貌、区位条件、村庄聚落的本底状况和未来发展的定位确定。乡村聚落构建模式见图 4-4。

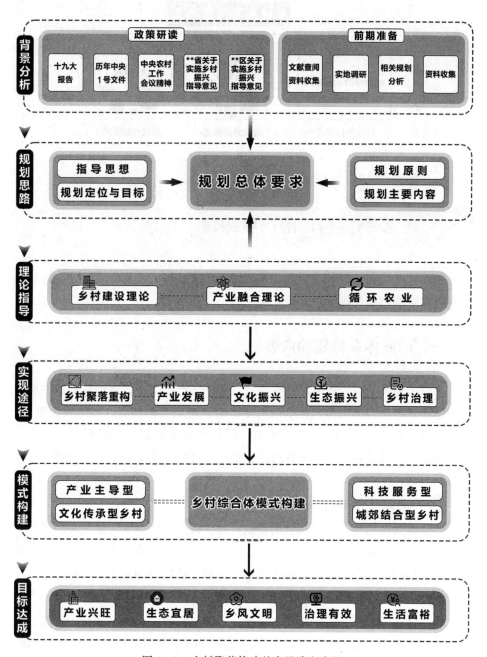

图 4-3　乡村聚落构建基本思路和流程

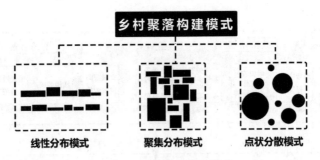

图 4 - 4　乡村聚落构建模式

产业振兴是乡村振兴的重点，是乡村综合体能够持续发展的基础，构建完善的产业体系，是乡村综合体产业发展的主要内容。

一、产业体系构建的内容

产业体系是指综合体内产业的类型，包括一产、二产、三产的组成结构以及生产体系和经营体系三大体系的构建。对乡村综合体而言，以一产为基础，二产延伸产业链、三产赋能产业价值，延长产业的价值链、提高产业的附加值。因此，乡村综合体产业发展内容包括产业体系、生产体系和经营体系三大体系的构建。

❶ 产业体系构建的内容

产业体系是指综合体内产业的构成，对乡村综合体而言，重点是一产和三产，以及一三产融合而成的衍生产业，二产对大多数综合体而言比较薄弱，重点以农产品的简单加工或者粗加工为主，是对一产的延伸。

❷ 生产体系构建的内容

生产体系是生产方式的构成，具体而言，如何将现代的生产技术、装备技术嫁接到产业中，如同样是种植业，传统的种植业以小米为例，主要是牛耕、铁制农具为生产力水平的代表，而在现代化的生产中，全程机械化是其主要生产方式。因此，生产体系是现代生产技术、装备技术在农业生产过程管理中的有效应用，由此而构成的技术体系和生产模式。

❸ **经营体系构建的内容**

经营体系是指乡村产业从一产、二产、三产到产品的市场营销的全产业链环节，每一个环节从业人员的构成，如新型经营主体在种植业、养殖业以及农业生产服务环境和产品销售环节的构成，由此而构成的经营体系。

二、产业体系构建的原则和依据

❶ **产业体系建立的原则**

（1）对标上位规划原则。乡村综合体的产业体系构建必须符合上位产业，对标上位产业对该区域的定位，同时结合综合体内基本农田用地的属性，构建产业体系。

（2）因地制宜原则。乡村总体产业布局必须遵循该地区的气候资源、土壤类型、水资源的自然条件，以自然资源条件为本底，借助现代设施农业生产技术，布局特色产业。如地理标志产品基地构建。

（3）主特色产业结合原则。主导产业一般占地面积、生产规模比较大，产值比较高，占综合体收益的主要部分。乡村综合产业体系构建，必须考虑国家粮食生产的基础产业，同时结合土地利用的基本属性，如基本农田是以小麦、玉米、水稻等粮食作物生产为主，这一部分是综合体产业体系中的基础产业，是综合体践行国家粮食安全使命的所在；其次，根据综合体内非基本农田的耕地类型，结合上位规划和该区域自然资源、生物资源和市场的优势，发展特色产业，形成"基础产业—主导产业—特色产业"产业体系格局。

（4）产业融合原则。三产融合是目前普遍公认的提高乡村产业水平，赋能农业产业价值的主要途径。但是，并不是所有的乡村都适合这一发展模式，而一般乡村综合体建设乡村，多数具备三产融合的条件，因此，在乡村综合体构建的过程中，根据产业形态，结合区位条件和综合体内的人文资源、历史遗迹、文化遗产、民俗等，构建一三产业融合发展的新业态，提高综合体的产业发展水平。

（5）与现代科学技术、装备技术结合的原则。乡村综合体生产体系的构建，不是传统产业的简单的复制和延续，而是基于现代生物技术、现代智能装备技术和信息技术支撑下的生产体系，要求全程生产的机械化、过程管理的标准化、整个综合体发展生态循环化。

❷ 产业体系构建的依据

（1）上位规划。如省市县的乡村振兴规划、省市县区域发展规划、省市县最新的五年计划发展规划等，对产业空间布局的要求。

（2）国家产业政策。国家层面农业产业政策、最新五年农业产业计划、粮食安全、耕地保育等方面的政策。

（3）国土空间布局。国家级、省市、县等最新的土地利用规划、最新国土空间规划。

（4）地方产业发展的布局。市县地方政府五年发展规划、中长期发展规划中对农业产业布局的规划。

（5）产业发展的趋势。根据市场需求、资源禀赋对该区域产业现状分析，研判主导产业发展的类型及其空间布局。

三、产业体系构建的要求

❶ 产业体系构成体现现代农业发展的特征

综合体产业体系构成体现现代农业全产业链的特征，通过延长产业链，完善综合体产业体系；通过三产融合，提高产业价值链。

❷ 生产体系体现现代农业科技及技术装备特征

综合体生产体系构建过程中，应该将现代生物技术、现代信息技术、现代装备制造技术与种植业、养殖业、加工业充分融合，利用现代科技手段和装备武装农业，而不是传统农业生产方式的延续。

❸ 经营体系满足现代农业农村社会发展的需要

在构建综合体经营体系的过程中，充分考虑综合体所在地的农民利益、农民的参与、乡村集体经济的建设、新型职业农民的培养、经营场所的建设、"互联网＋"电商平台的构建、农业的仓储物流等符合现代农业生产经营体系的特质，使乡村综合体产业的发展满足现代社会的需求。

四、产业体系构建的基本方法与流程

通过本底背景调查，获得相关自然资源、社会经济、农业产业发展等一系列的数据，开展对农业产业现状的分析，进而对综合体的主导产业和特色产业进行研判，在充分研判的基础上，构建产业体系、生产体系和经营体系。具体流程见图 4-5。

农业产业现状分析
种植业、养殖业、农产品加工、农业经营、农业生产水平等方面的分析

本底背景调查
区位条件、自然资源、社会资源、文化资源调查

产业发展趋势的研判
根据区域农业产业发展的趋势，研判综合体的产业发展的类型

产业体系构建
构建基础产业、主导产业、特色产业为主的产业体系

生产体系构建
针对产业定位，构建基于现代农业发展的生产体系

经营体系
根据综合体发展的定位，构建完善的经营体系

图 4-5　产业体系构建的基本流程

五、常见的产业模式

通过对当前乡村综合产业发展类型的分析，乡村综合体的产业类型有单一产业、多元产业和三产融合为主的三种产业模式（表 4-5）。

❶ 单一产业型

产业结构比较单一，如种植业以典型的粮食作物、专业养殖村、果品和蔬菜的主产村为主，这类村庄综合体的构建产业结构一般都比较单一。

❷ 多元产业型

产业结构比较复杂，在产业构成中种植业结构比较复杂、种植养殖均有，缺乏明确的主导产业。这类综合体产业体系构建的过程中，必须研判产业发展的趋势，明确主导产业，确定特色产业，构建主副导产业的发展模式。

69

❸ 三产融合型

这类综合体主要是那些位于城郊、文化资源、旅游资源比较丰富的村庄，在综合体构建的过程中，具备将一产与三产融合发展的条件，通过三产融合，提升一产的价值，目前，有条件开展综合体建设的村庄，基本上具备这一条件。

表4-5 产业模式

产业类型	产业特征	产业类型（细分）	产业内涵
单一产业型	产业结构单一，以单一种植业、养殖业、农产品加工业为主	粮食生产型	粮食主产区小麦、玉米、水稻、杂粮等为主的产业类型
		果蔬种植	如陕西、甘肃等地的苹果、猕猴桃、桃子为主的产业类型
		畜牧养殖	各类养殖小镇、专业养殖村等
		农产品加工	地方特色农副产品加工
多元产业型	产业类型复杂，主导产业特色不明晰或者所有产业比较齐全，均比较强势	粮果牧均衡发展	有粮有果有畜
		粮畜结合型	畜牧业和种植业结合发展，粮牧循环的产业体系
		果畜结合型	果业主导县与畜牧业结合，形成果畜良性循环体系
三产融合型	农业与文化产业、乡村旅游产业、乡村休闲产业紧密融合，形成了新型产业业态	农旅融合	如新疆奇台的麦田景观形成的写生、观光产业；陕南、贵州、青海、甘肃祁连山各地的油菜花田为主的观光旅游
		休闲体验型	以休闲为主，如各地的休闲观光农业体验区
		耕读教育型	以针对各类特殊人群的农耕文化教育为主的产业融合形态
		科普教育	分布在各地各类农业科技园区，以培训示范为主，形成产业模式
		康养休闲型	农业与医学结合，形成的健康养老产业形态

文化振兴是乡村振兴的重点内容，传承中华优秀传统文化，是全面推进乡村振兴之根；传播社会主义核心价值观，是全面推进乡村振兴之魂；健全乡村文化产业体系，是全面推进乡村振兴之翼。

党的十九届五中全会对文化建设高度重视，从战略和全局上做了规划和设计，明确提出到 2035 年建成文化强国，这是十七届六中全会提出建设社会主义文化强国以来，首次明确了建成文化强国的具体时间表。乡村综合体文化建设包括"提高社会文明程度、提升公共文化服务水平、健全现代文化产业体系"三个层面，九个具体的方面。

一、乡村综合体文化体系构建内容

乡村文化的建设着力于加强农民群众的思想道德建设，强化村民对社会主义核心价值观的认同，提高乡村居民的凝聚力，夯实乡村基层政权的群众基础；加大乡村文化基础设施的建设，构建完善的乡村文化发展载体，筑牢乡村文明建设的阵地；加强培养乡村文化队伍建设，夯实乡村文化振兴的人才基础，壮大乡村人才振兴队伍；积极推动乡村文化产业的发展，解决人民群众日益增长的物质需求与文化供给之间的矛盾，丰富人民群众文化生活。

❶ 农村思想道德建设

乡村文化建设的关键是使广大农民群众具备良好的思想道德素质，其目的是提升广大农村社会的治理能力，为乡村社会注入文化动力。包括社会主义核心价值观、巩固农村思想文化阵地、倡导诚信道德规范等三个方面的内容。

（1）社会主义核心价值观。通过典型人物宣传教育、举办各类文化宣讲活动、开展群众喜闻乐见的各种活动，大力倡导富强、民主、文明、和谐，倡导自由、平等、公正、法治，倡导爱国、敬业、诚信、友善，积极培育和践行乡村居民的社会主义核心价值观，培养乡村居民共同的价值认同，为实现第二个百年梦，奠定共同的理想信念。

（2）巩固农村思想文化阵地。通过对农民群众进行思想政治工作，学习党国方针政策，升华思想境界，处理好思想领域的各种关系，提升广大农村居民思想政治认识，凝聚广大居民对党和国家政策方针的热爱和支持，将乡村建设成为践行社会主义核心价值观，弘扬社会主义思想文化的阵地。

（3）倡导诚信道德规范。诚实守信是中华民族的传统美德，是培育和践行社会主义核心价值观的重要内容。结合乡村实际，通过以下途径实现：

一是大力弘扬诚信文化。大力倡导诚信道德规范，弘扬积极向善、诚实守信的传统文化和现代市场经济的契约精神，加强社会公德、职业道德、家庭美德和个人品德教育，形成崇尚诚信、践行诚信的社会风尚。

二是广泛开展诚信宣传。充分利用广播、电视、网络等媒体，和多种类型的群众文化，加大舆论宣传力度，让诚信观念深入人心。

三是积极推介诚信典范。大力弘扬讲诚信、重承诺、讲道德、献爱心的良好社会风尚，努力营造"守信者荣，失信者耻"的氛围。

❷ 弘扬中华优秀传统文化

优秀传统文化是乡愁最厚重的载体、是乡村振兴的魂，乡村是中国传统耕读文化的策源地，村民是优秀传统文化最直接的传承者、传播者和创造者。弘扬优秀传统文化包括以下三个方面：

（1）保护利用乡村传统文化。通过对乡村文化的挖掘，首先搞清楚有哪些文化遗迹、民俗文化、非物质文化遗产、古村落等，评价甄别文化保护开发的价值和潜力，制定文化保护和开发的方案。

（2）重塑乡村文化生态。文化生态建设能够为乡村振兴注入思想活力、重塑乡村文化生态，才能进一步解放思想，将民族文化元素融入乡村建设，为乡村振兴提供精神动力；文化生态建设能够凝聚乡村振兴合力，重塑文化生态能够在书写历史记忆、文化记忆和集体记忆的过程中，增强人民群众对家乡的热爱，提高乡村文化的影响力，激发人民群众的参与意识以及文化自豪感，凝聚各方力量，建设美丽家园；文化生态建设能够为乡村振兴培育优秀人才，重塑乡村文化生态建设能够吸引鼓励更多的优秀人才研发、设计具有地方特色的文化产品，不断提高民间艺术的知名度，从而促进经济发展以及创业就业。

重塑乡村文化生态建设需巩固基层思想阵地，建立长期扶助制度，形成城乡文化互动格局。主要包括以下几条途径：

（1）巩固基层思想阵地，提高文化甄别能力。建设文化生态的首要任务是从思想上正本清源，推动基层党组织深化中国特色社会主义思想政治教育，以村民喜闻乐见的形式，比如民俗表演、展览、观影、体育活动等，宣传优秀传统文化。

（2）建立长期扶助制度，保证政策和资金支持的连续性。首先，当地政府应制定相关法律法规；其次，应成立专门的领导小组，就文化产品开发、乡村布局设计、传统建筑保护、非物质文化遗产传承等问题，公开征集优秀方案，并邀请专家、文化工作者等进行评审，激发人民群众的创作活力，使更多的优秀作品涌现；再次，政府为其提供相应的政策优惠以及资金支持；最后，项目完工后，应根据其文化、经济、生态等方面的效益进行综合考估，对有效恢复乡村文化生态、切实提高人民生活水平的地区以及相关人员给予表彰，使之更好地发挥典型示范作用。

（3）城市反哺农村，形成城乡文化互动格局。重塑乡村文化生态不能闭门造车、孤立发展，而应优化城市和乡村资源配置，实现城乡联动，以城市拉动农村发展。城市反哺农村要建立文化卫生科技"三下乡"长效机制，引入高端设备和管理经验丰富的专业人员保护与开发历史古镇、少数民族特色村寨、特色景观名村等。

（4）乡村文化生态建设需坚持走差异化道路，充分利用现代信息技术。《乡村振兴战略规划（2018—2022年)》明确指出，应"紧密结合特色小镇、美丽乡村建设，深入挖掘乡村特色文化符号，盘活地方和民族特色文化资源，走特色化、差异化发展之路"。

（5）发展乡村特色文化产业。文化产业即指满足人民群众的物质生活和生产需要的文化产业活动，也指满足人民群众精神文化需求的文化产业活动。乡村文化产业是乡村文化建设的重要组成部分，是以文化产品和文化活动为主体对象，从事生产经营、开发建设、管理服务的部门，是从事精神文化产品生产和服务的行业。具体指农村的特色旅游业、参观农业产业、手工艺品制造业、影像制品业等具有特色的当地农业文化产业。发展农村的文化产业首先要使广大农民群众不同层面的精神文化生活需求得以满足，以创新体制、改变机制、面向市场为重点，努力发展农村文化产业，创造出更多的价值促进农村文化建设。

❸ 丰富乡村文化生活

丰富乡村文化生活包括健全公共文化服务体系、增加公共文化产品和服务供给以及广泛开展群众文化活动。

（1）乡村文化服务设施体系建设。文化服务设施是乡村文化工作的重要载体，完善乡村文化基础设施是乡村文化建设的重点工作，是传播先进科学文化知识、提高精神文明建设的必要手段，也是农民群众顺利开展文化活动的物质保障。具体指文化馆（室）、乡村图书馆、网络有线电视、电影放映队、广播站等文化活动场所，它们是体现良好乡村风貌的重要标志。

（2）乡村文化工作队伍建设。乡村文化建设需要建立一支综合素质较高的人才队伍，能够带领广大农民群众开展丰富多彩的文化活动，指导他们挖掘具有本地区特色的文化资源，进一步促进农村文化建设发展。乡村文化工作者要积极引导本地区发挥独特的资源优势，加强地区间文化工作者的联系，借鉴有价值的经验，广纳优秀人才，建立本地区的文艺队、老年活动中心等村民文化组织，并在这些群众性的文化活动中发现人才重点培养，起到模范带头作用。

（3）增加公共文化产品和服务供给。农村公共文化服务应该是送文化、种文化和创造文化的有机统一。应重视农村草根创作的作品和文化活动，通过如合唱、打油诗、相声、广场舞比赛等调动农民文化创作的积极性。要不断加强农村文化专业人才队伍建设，并加强对农村草根文化创作的指导。搭建群众文化新人新作展示平台和群众文化建设成果交流展示平台，积极培育群众文艺团队，激励草根文化创作。同时，要加强对农村居民文化艺术、技能等方面的培训，提高其文化艺术素质，将潜在文化参与者转化为长期参与的文化主体。

（4）广泛开展群众文化活动。群众文化植根群众、服务群众、快乐群众、为群众喜闻乐见。拓宽渠道，多开展内容健康、形式活泼，群众乐于参与、便于参与的文化活动。依托春节、清明、端午、中秋等民族民间文化资源，组织群众开展瞻仰革命圣地、参观主题展览、读书演讲、举办知识竞赛、书画美术摄影展，以及灯会、赛歌会、龙舟赛等各具特色的文化体育活动，深入挖掘重大节庆活动和民族传统节日的文化内涵，让群众在潜移默化中学习革命历史，弘扬优秀传统文化，丰富精神文化生活，并要不断创新，提高活动质量和效益。

二、乡村综合体文化体系构建的原则和依据

❶ 乡村综合体文化体系构建的原则

（1）坚持农民的主体地位。在乡村文化构建中，一定要坚持农民的主体地位，发动农民广泛参与，增强农民文化认同感，给农民充分的话语权、自主权，提供和生产更多农民喜闻乐见的文化产品，提升乡村公共文化服务水平，让农民群众真正成为乡村文化产业的创造者、参与者、受益者。

（2）坚持弘扬社会主义核心价值观。乡村文化建设过程中，围绕培育和践

行社会主义核心价值观，充分运用宣传栏、LED 屏、公益广告和群众性文化活动，宣传中国特色社会主义、中国梦、社会主义核心价值观、传统文化等提高农民综合素质，提升农村社会文明程度，凝聚起建设社会主义新农村的强大精神力量。

（3）坚持挖掘发扬优秀传统文化。传承发展优秀传统文化。加强对民间工艺项目、民俗表演的保护，促进其发展，鼓励发展具有各村特色的艺术活动。实施非物质文化遗产传承发展工程，进一步完善非遗保护制度，同时结合市场，融合二三产业，增加农民收入。大力发展有历史记忆、地域特色、民族特点的美丽乡村，做好村史馆规划建设；实施农耕文化传承保护工程，深入挖掘农耕文化中蕴含的优秀思想观念、人文精神、道德规范，充分发挥其在凝聚人心、教化群众、淳化民风中的重要作用。

（4）坚持保护与开发结合的原则。在乡村文化体系建设过程中，坚持划定乡村建设的历史文化保护线，保护好历史文化名镇名村、传统村落、传统民居、文物古迹、民族村寨、农业遗迹、灌溉工程遗产，推动农耕文化遗产合理适度利用。在农村地区推广实施中国非遗传承人群研修研习培训计划，提高传承实践能力。在具备条件的村庄设立非遗综合性传习中心、传习所和传习点，建设文化生态保护区。

（5）坚持突出地域特色，因地制宜原则。乡村文化体系构建过程中，必须将核心价值观的塑造贯穿于地方特色文化的保护和挖掘中，即凸显出文化的地域特色，又保障核心价值观的弘扬和宣传。

❷ 乡村综合体文化体系构建的依据

（1）政策依据。党的十八大以来，历年中央 1 号文件、国民经济和社会发展的"十三五"规划、国务院等部门出台的文件，为乡村文化建设提供了重要的政策依据（表 4-6）。

表 4-6　党的十八大以来关于乡村建设的相关政策

序号	时间	主要内容
1	2015	《中共中央关于制定国民经济和社会发展第十三个五年规划的建议》明确提出重视乡村文化建设
2	2017	十九大报告第一次明确提出实施乡村振兴战略，文化振兴成为乡村振兴的重要内容

（续）

序号	时间	主要内容
3		《数字乡村发展战略纲要》提出繁荣发展乡村网络文化任务
4		《关于加强和改进乡村治理的指导意见》提出加强农村文化引领
5	2019	《国务院关于促进乡村产业振兴的指导意见》，将文化建设纳入乡村产业升级之中
6		2019 年中央 1 号文件提出扎实推进乡村建设，加快补齐农村人居环境公共服务短板。明确提升农村公共服务水平
7	2020	2020 年中央 1 号文件提出对标全面建成小康社会，加快补上农村基础设施和公共服务短板，提出改善乡村公共文化服务
8		中央农村工作会议，提出注重加强普惠性、兜底性、基础性民生建设；要合理确定村庄布局分类，注重保护传统村落和乡村特色风貌，加强分类指导
9	2021	2021 年中央 1 号文件提出大力实施乡村建设行动，将提升农村基本公共服务水平列为重点发展任务

（2）法律依据。乡村文化建设的过程中，尤其文化基础设施的建设、文化遗址的挖掘过程，必须以相关的法律法规为准绳，遵循土地法、城乡建设规划法、文物保护法等相关法律以及各地方与之相关的法规。

（3）上位规划依据。国家与乡村文化建设的规划依据，如 2009 年国务院颁发的《文化产业振兴规划》、2018 年《国家乡村振兴战略规划（2018—2022年)》以及各省市乡村文化振兴的相关规划，作为乡村综合体文化建设的上位规划依据。

（4）地方文化资源禀赋的依据。乡村综合体文化建设，必须立足当地的地域资源禀赋，以当地的文化习俗、文化资源为依据，结合社会主义文化阵地建设的需要，开展文化振兴的建设。

三、乡村综合体文化体系构建的要求

❶ 道德建设重铸乡村文化灵魂

乡村综合体的文化建设，必须重视乡村居民思想道德建设，通过道德建设，重塑乡村居民的思想意识。

❷ 基础设施建设筑牢乡村文化阵地

根据乡村居民对文化生活的需求，结合当地民俗、习俗、文化遗产、文化遗迹等建设乡村文化设施。

❸ 队伍建设壮大乡村文化关键

各地区可以利用人才资源优势，举办科学文化知识和农业知识培训，优秀文化人才的专题讲座，开办各类艺术培训以及对农民群众进行思想道德理论的培训，使广大农村地区拥有文学、艺术等各个领域专业的人才队伍。经过这样不断地培养、吸纳人才，提高农村文化活动的吸引力，促进农村文化建设的发展，可见优秀的人才队伍是社会主义新农村建设的重要举措。

❹ 产业建设发展筑牢乡村文化根基

挖掘优秀乡村文化资源，扶持、培养乡村文化产业，构建乡村文化产业体系，为乡村振兴插上文化的翅膀，助力国家乡村振兴战略的实施。

四、乡村综合体文化体系构建的基本流程

根据乡村综合体文化建设的要求，首先弄清楚综合体内乡村居民的思想状态、文化资源现状，其次在对居民思想文化状况和综合体文化资源状况分析评价的基础上，提出综合体构建的基本思路和建设目标，进而结合综合体文化建设的内容和实际情况，从不同纬度提出综合体文化建设的路径，最终达到文化振兴的目标。

五、乡村综合体文化体系的基本模式

在综合体文化建设的过程中，如何构建其文化建设的模式，使文化成为乡村综合体建设的灵魂，是以综合体建设为主的乡村发展的重要途径。因此，基于乡村综合体建设的目标和需要，乡村综合体文化体系构建应该以思想道德建设为核心，以基础设施建设为抓手，以队伍建设为要旨，以各类文化产业的发展为重点，构建乡村文化体系。一般可以构造以下几种模式（表4-7）：

表4-7　乡村综合体文化建设的典型模式

序号	模式名称	主要特征	备注
1	思想道德铸魂模式	通过弘扬社会主义核心价值观，凝聚村民共识，构建强有力的组织治理能力，使之成为乡村振兴的源动力	头雁模式，通过组织力强的领导引领乡村振兴

（续）

序号	模式名称	主要特征	备注
2	文化产业引领模式	传统文化、革命文化、现代科技文化底蕴和资源深厚，发展潜力巨大，成为乡村振兴的重要引擎	如安塞腰鼓，不仅仅是腰鼓的制作，腰鼓的表演也是一种产业
3	传统文化保护与挖掘模式	以古村落、古迹、非物质文化的保护挖掘为主，通过保护和挖掘这些传统文化，在弘扬传统文化的过程中实现乡村的振兴	典型的如民间的剪纸艺术、刺绣艺术等非遗的保护与挖掘；韩城的党家村等古村落的保护与挖掘
4	现代农业科技推广示范模式	以农业科技推广示范、农业科普教育为主，以此将农业的科技教育、培训与乡村经济发展结合起来，成为乡村振兴重要模式	各地的农业科技园区，农业公园；典型的杨凌农业高新技术示范区
5	农耕文化点亮模式	通过为城市居民、中小学生提供农业耕读教育体验，了解农业生产过程、了解农村居民的生活状态，学习农业文化知识，通过这些载体，将城市与乡村联系起来，成为乡村振兴的重要模式	典型的如杨凌的尚特梅斯庄园，将乡村休闲与研学结合起来，成为耕读教育的典型
6	农旅文融合发展模式	这种模式是当前最为推崇的模式，也是三产融合的典型，很多地方将其作为乡村振兴的重要模式，是农业、文化、旅游融合的模式	如陕西的袁家村、马嵬驿等，在全国比较典型

第五节　乡村生态建设

　　生态振兴是乡村振兴的重要途径，是建设美丽宜居乡村的重要内容，是实现农业农村绿色发展的关键。乡村作为社会最基础单元，是构建国家经济社会可持续发展的最基本单元，如何开展乡村的生态建设对实现乡村振兴具有重要的意义。

一、乡村生态建设的内容

　　乡村综合体的生态建设的内涵是指围绕乡村居民生产生活空间，开展的山水林田湖草保护、农田面源污染治理及乡村居民生活过程中垃圾的综合处理，是乡村振兴生态建设的重点。根据乡村综合体的结构与功能，乡村生态建设包括山水林田湖草沙为主的生态骨架建设、农业生产过程面源污染综合防控、乡村综合体内部的废弃物资源化利用和环境的综合整治。乡村综合体生态建设体系见图4-6。

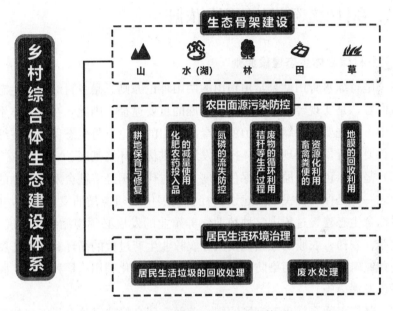

图4-6 乡村综合体生态建设体系

❶ 山水林田湖草沙等生态要素的保护

这部分是综合体内主要的生态骨架，是乡村综合体建设的重点内容，山、水、林、田、湖、草、沙是构成生态建设的自然生态要素，在同一个乡村综合体内部，不可能这些要素同时具备，但是如果涉及相关要素，则是建设的重点；至于如何建设和保护这些要素，要根据这些要素的具体情况，开展保护与建设。

❷ 农业生产过程面源污染防控

包括农田生产过程面源污染的防控和动物生产过程中的废物综合利用。农田层面上主要包括化肥、农药投入品的减量化、土壤氮磷流失防控、农作物秸秆、果树和蔬菜尾菜的资源化利用、耕地的保育与修复、地膜回收利用等以及动物生产过程畜禽粪便的资源化利用。

❸ 综合体内乡村生活废物的利用

重点包括居民生活过程中垃圾的回收处理和废水处理，如农村居民生活垃圾的收集、转运与处理，农村居民厕所革命，农村生活污水搜集与处理工程等。

二、乡村生态建设的原则与依据

❶ 乡村综合体生态建设原则

（1）坚持绿水青山就是金山银山的两山理论原则。是乡村综合体生态建设的重点内容，是实现经济社会可持续发展的重要途径，因此，在综合体生态建设过程中，首先要坚持绿水青山就是金山银山的理论，将生态保护放在综合体建设的首要位置，为实现综合体持久发展提供优良环境基底。

（2）坚持绿色发展原则。绿色发展是新时代我国经济社会发展遵循的新发展理念之一，是保障国民经济建设和社会发展中必须遵循的发展理念，因此，在乡村综合生态建设过程中，种植业、养殖业的发展必须遵循绿色发展理念，坚持化肥、农药、农膜的减量化投入和农牧业生产过程的循环利用；开展农业生产过程氮磷流失面源污染防控，畜禽粪便的资源化利用、秸秆还田、固碳减排等绿色发展措施。

（3）坚持美丽乡村生态宜居原则。美丽宜居乡村建设是乡村振兴的重要内容，是构建乡村宜居生态环境的关键，是乡村居民生活水平提升的重要标志，因此，在综合体建设过程中，必须把改善乡村人居环境建设作为综合体生态建设的重点，将处理乡村居民生活中产生的垃圾、污水和厕所建设等作为重点内容，将乡村环境的绿化、亮化作为建设宜居乡村的关键，将乡村风貌建设纳入乡村综合体生态建设的核心内容。

（4）坚持因村制宜原则。我国地域面积辽阔，地形地貌、经济文化、生活习俗差异巨大，因此，在综合体生态建设过程中，要坚持因村制宜的原则，不同村庄坚持与当地地形地貌、产业结构、文化习俗相结合，不能千村一面。

❷ 乡村综合体生态建设依据

（1）政策依据。以国家、地方不同时期出台的生态保护规划、生态保护区建设规划等作为政策依据。

（2）法律法规依据。国家层面的环境保护法、生态保护条例、水资源保护法等。

（3）地方发展上位规划依据。各地区有关生态建设的相关规划可以作为上位规划。

三、乡村生态建设要求

❶ 彰显生态文明建设战略的要求

乡村综合体生态建设各项任务的实施，必须聚焦到践行国家生态文明建设的战略目标，将综合体生态建设成为彰显国家生态文明建设的载体和重要战略措施。

❷ 满足区域社会经济绿色发展的要求

乡村综合体生态建设必须能够支撑区域社会经济可持续发展的要求，能够满足人民群众日益增长的生态产品、生态文化的需求，能够为区域社会经济的绿色发展提供保障。

❸ 符合人民群众对美丽宜居生态环境的需求

乡村综合体生态建设必须与人民群众对美丽宜居乡村环境的期盼相一致，满足人民群众对乡村宜居生态环境的需求，同时缩小城乡生活环境的差距。

四、乡村生态建设的流程

乡村综合体生态建设首先要摸清规划区内生态要素的本底背景，如山水林田湖草沙的本底状况，客观评价生态要素的状况，提出诸要素保护和建设的对策。其次，摸清综合体农牧业生产过程中生产要素投入对土壤、水、大气、生活环境产生的影响，分析估算农牧业生产过程产生的秸秆、畜禽粪便数量及其对环境可能产生的影响，并提出相应的对策。最后，分析评估综合体内居民生活过程产生废弃物的类型、数量，以及当前处理的技术状况，进而提出居民人居环境治理的方案（图4-7）。

五、乡村生态建设的模式

构建何种模式，开展乡村综合体生态建设，是实现综合体生态文明建设的

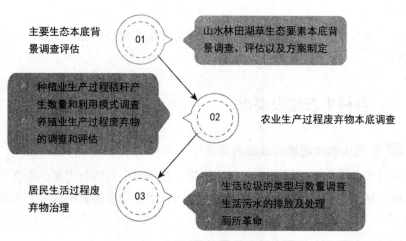

图 4 - 7　乡村综合体生态建设流程

重要途径。乡村综合体生态建设模式的构建必须因地制宜，结合当地具体的生态本底状况进行构建，通过对我国主要乡村生态类型的分析，目前乡村生态建设主要有以几种模式（表 4 - 8）。

表 4 - 8　乡村综合体生态建设的典型模式

序号	模式名称	主要特征	备注
1	主要生态保护区生态建设模式	位于国家森林公园、保护湿地、水源地涵养区、名贵动植物保护区等重要生态保护区的乡村，其发展重点以生态建设重点任务和生态保护为主	典型的如秦岭国家公园、南水北调水源地保护区等各类国家保护区的乡村
2	粮食主导型乡村综合体生态建设模式	位于粮食主产区的乡村、非粮食主产区的粮食生产乡村，其主要功能为生产粮食，生态建设的重点为农业生产过程面源污染防控	典型的为陕西关中地区等粮食主产区的乡村，以氮磷减量投入，秸秆还田等为主
3	畜牧型乡村综合体生态建设模式	以畜牧业为主的专业村、以集中养殖区为主的乡村，其生态问题主要以养殖废弃物的综合利用为主	典型的为猪、牛、羊、鸡等养殖专业村，其生态建设的重点为粪便的综合利用
4	果蔬生产型乡村综合体生态建设模式	以果业、设施农业为主的乡村，发展重点以果业生产过程的化肥、农药的减量化投入，果枝、尾菜的基质化综合利用为主	典型的如陕西渭北、甘肃平凉、庆阳等苹果主产区乡村，其生态建设模式重点为此种类型

（续）

序号	模式名称	主要特征	备注
5	城郊结合型乡村生态建设模式	重点为城市发展提供服务，其生态建设重点以乡村居民的生活环境为主	如典型的三产融合类型乡村
6	生态循环农业发展模式	综合体内部种植业、养殖业产业结构比较齐全，能够构建完整的农牧生态循环体系，通过种养循环达到生态建设的目标	这类型村庄比较普遍，通过优化产业结构，基本能够实现

第六节　乡村组织建设

习近平总书记指出，"乡村振兴，党的领导是根本""乡村振兴，治理有效是基础"。基层组织是党在农村的领导核心，组织振兴作为五大振兴路径之一，是激发农业农村内生发展动力，落实党在农村各项政策，推进乡村振兴战略的核心力量和重要抓手。因此，实施乡村振兴要抓基层、打基础，以加强农村基层党建为引领，确保基层组织全面过硬，规范村级其他组织有效运行，提升乡村法治德治水平，健全管理服务体制机制，确保实施乡村振兴的正确航向，凝聚振兴乡村的强大合力。

一、乡村组织建设的内容

乡村综合体组织建设是指通过加强乡村组织建设，提高乡村治理能力，促进乡村社会和谐稳定，推动乡村全面振兴。乡村组织振兴的内容主要包括以下几个内容：

❶ 加强党的基层组织建设

党的农村基层组织是党在农村全部工作和战斗力的基础，全面领导乡镇、村的各种组织和各项工作。包括政治建设、组织建设、作风建设和制度建设。政治建设夯实政治根基，基层党组织应坚决维护党中央权威和集中统一领导，牢固树立"四个意识"，坚定"四个自信"，做到"两个维护"，贯彻落实党的路线方针政策，这是实现好、维护好、发展好人民群众根本利益的基础。组织建设提高组织力，应做到规范设置农村基层党组织，选优配强村党组织人员，从严开展党的组织生活、党员管理和党员发展。作风建设提高服务能力，坚持以人民为中心，解决群众急难愁盼问题。制度建设提高规范性，加强党支部标准化规范化建设，推动形成上下联动、左右协同、内外贯通的工作格局。

❷ 发展壮大农村集体经济组织

发展壮大农村集体经济是农村基层组织建设的经济基础。农村集体经济壮大了，村级党组织才有基层组织建设的资金支撑。发展壮大村集体经济组织，应深化农村集体产权制度改革，拓宽集体经济发展渠道，推进农村土地制度改革，培育新型农村经营主体，引进优势企业和社会资本，建立健全村级集体经济发展基金和专项资金，加强村级集体经济的管理和监督，建设高素质的乡村人才队伍，加强党建引领和政策指导，积极探索适应本地实际的发展模式。

❸ 深化村民自治组织建设

村民自治是我国农村基层民主政治的重要内容，也是推进乡村治理现代化的有效途径。建设内容主要包括以下四个内容，一是完善村民自治组织的法治建设，明确其职责、权利和义务，保障其依法履行职能。二是加强村民自治组织的能力建设，提高其服务、协调、监督和管理的水平，增强其自我发展的能力。三是促进村民自治组织的创新发展，探索适应农村社会经济变化的新型组织形式，激发其活力和创造力。四是强化村民自治组织的监督机制，建立健全村民监督、社会监督和法律监督相结合的制度，防止其滥用权力或不作为。

❹ 培育发展各类内生性组织

乡村内生性组织是指由乡村居民自发形成的，以维护和促进乡村利益为目的的各种社会组织，这些组织能够有效地调动和整合乡村资源，增强乡村凝聚力和创新力，提高乡村公共服务水平和民主参与程度。应培育和发展农民合作社、专业合作社、农民专业合作联合社等新型经营主体，推动农民以土地经营权、股份等形式参与集体经济发展。培育和发展农村互助性、公益性、服务性的社会组织，如农民互助协会、农民互助基金会、农村文化协会等，发挥其在扶贫济困、互助共济、文化教育、环境保护等方面的作用，增进农民之间的信任和团结。培育和发展农村传统文化组织，如戏曲社团、曲艺社团等，传承保护传统村落民居和优秀乡土文化，丰富农民精神文化生活，提高农民文化素养和自豪感。

二、乡村组织建设的原则与依据

❶ 乡村综合体组织建设原则

一是以人为本。乡村组织建设是农村发展的重要基础，而农村发展的核心是农民。因此，乡村组织建设要以人为本，关注农民的需求、利益和参与，充分尊重和保障农民的主体地位和利益，激发农民的参与意愿和创造力。

二是以法为治。以法为治是推进乡村治理能力现代化的重要举措，能够保障乡村组织的合法性、公正性、有效性，提高乡村组织和群众的法治意识和法律素养，形成共建共治共享的乡村治理格局。因此，乡村综合体建设必须坚持以法为治的基本原则。

三是以德为魂。道德是乡村治理的重要规范，是乡村社会的精神支柱，是乡村振兴的道德基础。乡村组织建设必须坚持自治、法治、德治相结合，才能推动农民自我管理、自我教育、自我服务，才能让乡村组织建设更加有力量、有温度、有生命。因此，坚持以德为魂是乡村综合体组织建设的精神内核。

四是以效为要。乡村组织建设是乡村治理体系的核心，是乡村振兴的组织保障，只有加强乡村组织建设，才能够提高乡村组织的政治功能、组织功能、服务功能，才能推动产业、人才、文化、生态、组织五大振兴。因此，乡村组织建设要以效为要，注重实效，让农民群众切实享受更多的获得感、幸福感和安全感。

❷ 乡村综合体组织建设依据

政策依据：国家不同时期的《乡村振兴规划》、中央1号文件等。

党内法律法规依据：《中国共产党章程》《中国共产党农村基层组织工作条例》。

三、乡村组织建设要求

充分发挥基层民主作用的要求。乡村组织是农民的自我管理、自我服务、自我教育、自我监督的基本形式，是实现农民直接民主和间接民主相结合的重要途径。要求乡村组织依法履行职责，保障农民的合法权益，维护农村社会稳定和谐。要求乡村组织广泛开展民主选举、民主决策、民主管理、民主监督，增强农民的参与意识和能力，提高农村治理水平。

有效发挥服务功能的要求。乡村组织是联系党和政府与农民群众的桥梁和纽带，是落实党和政府各项惠民政策的重要载体。要求乡村组织积极配合党委和政府开展各项工作，做好信息沟通、宣传教育、社会调节、公共服务等方面的工作，满足农民群众的多样化需求，提升农民群众的幸福感和获得感。

有力发挥引领作用的要求。乡村组织是推动乡村经济社会发展的重要力量，是培育乡村新型经营主体的重要平台。要求乡村组织牢固树立科学发展观，积极适应农业农村现代化的新形势，创新工作思路和方法，引导农民群众转变观念和行为，促进农业产业结构调整，推动农业增效、农民增收、农村增绿。

不断提高自身建设水平的要求。乡村组织建设的根本目的是提高乡村组织的凝聚力、战斗力和服务能力。要求乡村组织加强自身建设，完善内部制度，规范运行机制，提高管理水平。要求乡村组织加强队伍建设，培养素质高、能力强、作风好的干部队伍，激发干部队伍的工作热情和创造活力。

乡村综合体构建的案例

第五章

产业主导型乡村综合体
构建的实践及案例

——三原县独李镇赵渠村粮食主导型乡村综合体规划

第一节 振兴基础

一、振兴基础分析

陕西省咸阳市三原县独李镇赵渠村距三原县城 13 公里[①]，东经109°04′28.6″，北纬 34°38′27.0″；地处关中平原地区，境内以平原为主，海拔370～400 米。

赵渠村共有 11 个村民小组，村域总面积 4 500 亩[②]，总人口 750 户 3 200 人，其中常住人口 1 800 人，外出务工 1 400 人。村内低保户共 50 户 144 人，五保户6 户 6 人。2020 年村集体年收入 50 000 元，农民人均收入 13 716 元。

目前，赵渠村土地总面积 4 500 亩，耕地面积 4 000 亩，建设用地面积500 亩，无未利用土地。村内共有奶山羊 1 000 头左右。赵渠村村庄绿化覆盖率达 50%，行道树建设规范有序；作物秸秆实现还田处理，可降解膜减少了白色污染，畜禽粪便和生活垃圾基本实现统一回收处理，但居民生活污水没有进行相应的处理，目前仍是随意自流；乡村主道路干净整洁，农户住宅墙壁干净；村中无公共厕所，改厕仍有 40% 未完成。目前最大的问题是无污水处理设施。村建设有 3 个医疗卫生（门诊）所；建有幼儿园、小学、图书室、文化

---

① 1公里＝1千米。
② 1亩≈667平方米。

活动中心和室外活动场地；村中行道树、绿化路景建设完善；村中主要道路完成了 50% 的路灯安装，路灯类型属于普通照明和太阳能并存；村内道路已经硬化里程 20 公里，以水泥路为主。

二、存在主要问题

①赵渠村主导产业核心竞争力不强。②机械化水平低，缺乏现代化种养技术。③村民小组分布散乱，不好管理。④基础设施和公共服务设施不够完善。

第二节　规划总体要求

一、指导思想

深入贯彻落实党的十九大精神，以习近平新时代中国特色社会主义思想为指引，坚持创新、协调、绿色、开发、共享的发展理念，按照"产业兴旺、生态宜居、乡风文明、治理有效、生活富裕"的总要求，推动乡村产业、人才、文化、生态、组织振兴。加快推进农业农村现代化，让农业成为有奔头的产业，让农民成为有吸引力的职业，让农村成为安居乐业的美丽家园，书写好新时代"三农"发展新篇章。

二、规划原则

❶ 坚持党管农村工作原则

毫不动摇地坚持和加强党对农村工作的领导，健全党管农村工作方面的领导体制机制和党内法规，确保党在农村工作中始终总揽全局、协调各方，为乡村振兴提供坚强有力的政治保障。

❷ 坚持农业农村优先发展原则

把实现乡村振兴作为全党的共同意志、共同行动，做到认识统一、步调一致，在干部配备上优先考虑，在要素配置上优先满足，在资金投入上优先保障，在公共服务上优先安排，加快补齐农业农村短板。

❸ 坚持农民主体地位原则

充分尊重农民意愿，切实发挥农民在乡村振兴中的主体作用，调动亿万农民的积极性、主动性、创造性，把维护农民群众根本利益、促进农民共同富裕作为出发点和落脚点，促进农民持续增收，不断提升农民的获得感、幸福感、安全感。

❹ 坚持乡村全面振兴原则

准确把握乡村振兴的科学内涵，挖掘赵渠村多种功能和价值，统筹谋划经济建设、政治建设、文化建设、社会建设、生态文明建设和党的建设，注重协同性、关联性，整体部署，协调推进。

❺ 坚持人与自然和谐共生原则

牢固树立和践行绿水青山就是金山银山的理念，落实节约优先、保护优先、自然恢复为主的方针，统筹山水林田湖草系统治理，严守生态保护红线，以绿色发展引领乡村振兴。

❻ 坚持因地制宜、循序渐进原则

科学把握赵渠村整体布局和发展走势分化特征，做好顶层设计，注重规划先行、因势利导，分类施策、突出重点，体现特色、丰富多彩。既尽力而为，又量力而行，不搞层层加码，不搞一刀切，不搞形式主义和形象工程，久久为功，扎实推进。

三、基本依据

《中华人民共和国城乡规划法》（2019 年 4 月 23 日第二次修正）

《中华人民共和国土地管理法》

《中华人民共和国环境保护法》

《中共中央关于制定国民经济和社会发展第十四个五年规划和二〇三五年远景目标的建议》

《决胜全面建成小康社会 夺取新时代中国特色社会主义伟大胜利》

国务院办公厅《关于推进农村一二三产业融合发展的指导意见》

中共中央、国务院《乡村振兴战略规划（2018—2022 年)》

中共中央、国务院《关于实施乡村振兴战略的意见》

农业农村部《乡村振兴科技支撑行动实施方案》

《陕西省国民经济和社会发展第十四个五年规划和二〇三五年远景目标纲要》

《中共陕西省委 陕西省人民政府关于全面推进乡村振兴加快农业农村现代化的实施意见》

《中共陕西省委陕西省人民政府关于实施乡村振兴战略的实施意见》

陕西省《乡村振兴战略实施规划（2018—2022）》

陕西省乡村振兴科技创新行动计划（2018 到 2022 年）

陕西省农业农村厅《陕西省"十四五"乡村产业发展规划》

《咸阳市村庄和集镇规划建设管理办法》

《咸阳市城市总体规划（2015—2030）》

《陕西三原城市总体规划（2010—2025）》

《三原县农村生活污水治理专项规划（2020—2030 年）》

《三原县全域旅游发展总体规划》

《三原县"十四五"推进农业农村现代化规划》

《三原县乡道网规划（2020—2035 年）》

《三原县国民经济和社会发展第十四个五年规划纲要》

四、规划定位

以国家乡村振兴战略和区域城乡一体化发展为基础，运用系统思维和顶层设计理念，确定赵渠村具体的主导战略、发展路径、发展模式和发展愿景。

❶ 上位规划解读

《三原县"十四五"农业农村现代化规划》提出"两带两区多点"产业空间布局，其中"两带"是指在中南部的鲁桥、渠岸、城关、独李和陂西等具备天然富硒农产品生产条件的土壤地区，打造一条富硒农产品生产带，并且重点建设以陂西、独李、渠岸、大程等为重点的小麦玉米产业带。赵渠村地处三原县独李镇，建设符合三原县对本村的发展定位。

❷ 发展重点指引

在综合研判《咸阳市城市总体规划（2015—2030）》《陕西三原城市总体规划（2010—2025）》的基础上，针对赵渠村当前的布局及区位优势，综合考虑该村全域发展水平及未来发展方向，以乡村振兴示范村为指引，创建陕西粮食生产标杆示范村、打造大田观光示范区、清河休闲观光产业发展带，将其建设成为陕西乡村振兴现代农业样板工程。

五、规划目标

到 2025 年，村域层面乡村振兴目标基本实现，以耕读教育、生态休闲为主的产业体系基本构建完成；以清河流域河道保护治理为主的生态治理格局基本形成；以党委负责、政府领导、群众参与、法制保障为主的乡村治理体系基本健全。

到 2035 年，将赵渠村打造建设成为生态优美、产业强劲、城乡和谐的乡村振兴样板村。农业产业加快发展，以高标准农田、大田观光为主题的村庄片区形成品牌效应，全部实现生态宜居的美丽乡村建设，乡村基本公共服务水平得到进一步提高，乡村文明建设水平明显加强，实现城乡融合一体发展，将其打造成为陕西省乡村振兴示范村。规划主要指标见表 5-1。

表 5-1　规划主要指标

分类	序号	主要指标		单位	2021 年基期值	2025 年目标值	属性
产业兴旺	1	粮食综合生产能力		万吨	1.3	2	约束性
	2	农作物耕种收综合机械化率		％	50	60	预期性
	3	主要农作物有害生物绿色防控率		％	50	70	预期性
	4	入社农户占农户比例		％	75	90	预期性
	5	种植业（小麦、玉米、艾草、芹菜、花白等）	面积	万亩	0.4	0.4	预期性
			产量	万吨	2.9	4	预期性
	6	养殖业（猪牛羊鸡）	数量	头（只）	1 000	2 000	预期性
生态宜居	7	村庄绿化覆盖率		％	50	70	预期性
	8	生活垃圾是否统一收集处理		％	是	是	预期性
	9	生活污水是否随意排放		％	是	否	预期性
	10	废弃宅基地整治率		％	98	100	约束性
	11	农村卫生厕所普及率		％	90	100	预期性

（续）

分类	序号	主要指标	单位	2021年基期值	2025年目标值	属性
乡风文明	12	村民平均受教育程度	%	初中	初中	预期性
	13	有线电视覆盖率	%	95	100	预期性
	14	农户互联网普及率	%	80	100	预期性
治理有效	15	村干部中大学生比例	%	10	30	预期性
	16	村民参与一事一议制度比重	%	80	100	预期性
	17	村规民约覆盖率	%	100	100	预期性
	18	村级网格化服务管理覆盖率	%	40	60	预期性
生活富裕	19	农村居民恩格尔系数	%	40	33	预期性
	20	农村居民人均可支配收入增速	%	9.01	12	预期性
	21	砖混结构人均住房面积	平方米	20	30	预期性
	22	贫困人口发生率	%	0	0	约束性

第三节　重点规划内容

一、总体空间布局

赵渠村土地总面积 4 500 亩，耕地面积 4 000 亩，建设用地面积 500 亩，无未利用土地。村民分布较为散乱，如 1、2、3、4、5 组分布在一块，6、7、8、9、10、11 组分布在一块，分布不集中，适合搬迁与合并，有利于更好发展和资源整合。

总体形成"一心一轴三区多点"的空间结构。"一心"是村庄公共服务中心，"一轴"是村庄经济发展轴，"三区"是现代农业高效生产区、村民生活区和清河生态保护区，"多点"是奶山羊繁育基地、"种养结合"循环农业示范基地、面制品加工厂。赵渠村总体布局图见图 5-1。

❶ 生产空间布局

村内主道路两侧为赵渠村的现代农业高效生产区，主要生产小麦、玉米、蔬菜等，农业生产实现规模经营、标准化生产、机械化与现代化。

图 5-1　赵渠村总体布局图

② 生态空间布局

村庄北边清河一带为生态区，将村庄建设、村容村貌的提升与清河的综合整治和生态保护修复以及统筹资源保护与合理利用有机结合起来，推动农村人口、资源、环境的可持续发展。

③ 生活空间布局

生活空间分布在现代农业高效生产区的南北两侧，在充分考虑赵渠村建筑文化特色和群众生活习惯的基础上，统筹农村住房布局，按照上位规划确定的农村居民点布局和建设用地管控要求，在宅基地上按标准统一规划、统一建设、统一改造。

二、村庄建设规划

① 村容村貌提升

（1）村庄绿化与美化建设。加强村中的村容村貌建设管理，改变垃圾随意堆放的现象，重点整治乱搭乱建、车辆乱停靠、电气线路私拉私接等现象。做好村内道路绿化工作，在道路两旁、房前屋后种植百日菊、鸡冠花等，同时在村庄沿线、沟畔等见缝插绿，种植树木和花草，形成"一路一景、三季有花、四季常青"的绿化景观，提高村庄绿化率。

（2）推进美丽庭院建设。组织开展"美丽庭院"创建工程，通过宣传发动、现场学习、开展"最美庭院"评比等形式，引领广大农户，从自身做起，从家庭做起，清理自家庭院垃圾、杂物，规整物品堆放等，实现环境卫生清洁美观、摆放有序整齐、栽花植树绿化、院落设计协调。

（3）村落建筑风貌管控设计。对原有房屋沿街立面进行清洁，对沿街门窗进行统一粉刷、更换。村委会周围以及被胡乱张贴小广告的墙体上绘制道德实践文化墙。对村庄出入口建立村庄标识，对其周围进行绿化美化。在村内有条件的建筑屋顶建设独立的"就地消纳"分布式屋顶光伏电站和光伏一体化电站试点。村落建筑改造前后对比图见图5-2。

图5-2　村落建筑改造前后对比图

2 乡村基础设施建设规划

乡村服务设施建设见图5-3。

（1）村内道路体系建设。加宽农村资源路、产业路和村内主干道。重点解决坑洼不平、路面乱石抛洒物多、路边乱堆乱放等突出问题，安排专人加强道路巡查力度，出现破损要及时修补，保障道路清洁、安全、畅通。赵渠村道路改造前后对比图见图5-4。

（2）村内给排水建设。加强稳定水源工程建设和水源保护，实现旱涝保收，防治水旱灾害对农业的冲击，对影响灌溉和排水的渠道清淤、扩宽，确保排管设施保持正常运行状态。同时要保障村民能够喝到干净的饮用水，完善农村水价水费形成机制和工程长效运营机制，保障村民用得上水、用得好水、用

图 5-3　乡村服务设施建设

图 5-4　赵渠村道路改造前后对比图

得起水。

（3）智慧乡村建设。加快农村光纤宽带、移动互联网、数字电视网和下一代互联网发展，提升 4G 网络覆盖水平，探索 5G、物联网等新型基础设施建设和应用。加快推动农村水利、公路、电力、冷链物流、农业生产加工等传统基础设施的数字化、智能化转型，推进智慧农业建设。

❸ 乡村服务设施建设内容

（1）乡村教育建设。完善赵渠村小学基础设施建设，创建"智慧校园"示范学校。建设一个标准化操场。着力构建集课堂教学、教师研修、学生学习、管理评价、学校安全管理等一体化智能化的校园环境，同时在学校配置智慧应用终端和数据采集设备，加快智慧教室建设，提高学校基础设施建设水平。

（2）文化设施建设。为了满足农村居民多样化的体育需求，应该把体育设施规划纳入村庄规划中，做好用地规划，充分利用村委会广场建设小型、简易、便民群众体育设施，积极开展全民健身工作，逐步建设形成功能齐全、配套完善、布局合理的体育场地设施网络；积极建设因地制宜、便民利民、形式多样的基层设施，开展丰富多样的休闲运动项目，提升农村居民的体质健康水平。公共服务中心效果图见图 5-5。

图 5-5　公共服务中心效果图

三、产业振兴

❶ 产业振兴体系构架

（1）产业体系构建。赵渠村产业形式单一，产业链条短，产业融合度较低，未能有效利用地域优势，以点带面带动村民通过农业致富。在乡村振兴战略的基础上，抓住区域自然环境和社会经济条件的优势，牢牢把握现代农业产业链高端环节，着力提高粮食种植、设施蔬菜、休闲农业的农业产业化水平。

改变生产方式和经营模式，构建以现代粮食作物种植、高端养殖为主，以生态保护为辅的赵渠村乡村振兴产业体系。

（2）生产体系构建。在产业生产方面，应加强农耕机械化、管理信息化、生产规模化，提升小麦机械化生产、规模管理蔬菜绿色生产和循环种养结合模式。依托优势特色乡村主导产业，合理布局原料基地和农产品加工业，推动农产品产地初加工，大力推进农产品精深加工，全面提高农业产业化发展水平，着力开发一批乡土特色产品、打造一批乡土特色产品基地、培育一批乡土特色产品品牌。

（3）经营体系构建。目前赵渠村内还是以散户经营为主，农民知识技术储备有待加强，经营模式有待转变。应完善绿色优质粮食、产地环境、生产技术规程、产品等级等标准，积极打造优势品牌，推进产地准出和市场准入，加强经营体系构建。

❷ 重点产业布局规划

（1）高效种植区产业发展规划。依托赵渠村现有的 4 000 亩耕地面积，对现有的传统粮田和老旧大拱棚进行改造升级或新建，增设环境传感器，实施智慧化管理，并建立生产全过程溯源体系，按照智慧农业、水肥一体化的模式，种植小麦、玉米、芹菜、花白等，加快构建现代农业产业体系、生产体系和经营体系，力争成为全市乃至全省粮食现代高效农业生产的先行示范标杆。现代高效农业生产区布局图见图 5-6。

引进优良农作物小麦、玉米品种，建立小麦-玉米轮作"吨半田"生产基地，按照减少成本、增加收益的基本原则，采用全程机械化操作，在赵渠村建设高产、优质、抗病、抗逆、广适的小麦、玉米生产基地。小麦品种以抗旱优质为主：普冰151、西农 805、西农 059、伟隆 169 等品种；玉米品种以适宜机械收获的品种陕单650 为主。种植面积 3 200 亩。现代高效农业生产区效果图见图 5-7。

种植管理模式：充分结合物联网技术、人工智能和智能农业机械等新兴技术和设备，实现农机自动驾驶、作物播种和产量检测监测、变量施肥、无人机精准喷药以及农情监测等技术手段，实现农机智能化与农艺、信息系统的深度结合，在赵渠村建设智能化、精细化的小麦-玉米智能种植生产基地。

（2）标准化设施蔬菜产业种植。

200 亩大拱棚建设。采用 9 米跨度 2 米高、7.66 米跨度 2.7 米高的两种棚型，长度随地块的长度，一般是 100 米或 50 米。采用改进的塑筒固膜办法及系列新技术的推广应用，可种植圣女果、辣椒、芹菜、花白等，实施全优计划生产。

600 亩小拱棚和露地蔬菜建设。主要种植叶菜类蔬菜，根据季节和蔬菜种

图5-6　现代高效农业生产区布局图

图5-7　现代高效农业生产区效果图

类进行露地或小拱棚种植，如芹菜、花白、莴苣、大葱、苋菜等。

20座日光节能温室。按照高度5米、跨度9米的改良5型日光温室"95"式日光温室建造，推广秸秆生物反应堆技术、自动卷帘机、水肥一体化系统、病虫害绿色防控技术。利用三原县天然富硒地的优势，在此基础上，喷施硒肥，运用膜下滴灌、黄板杀虫、防虫网、遮阳网等先进的管理技术，生产中严格控制使用高毒高残留农药，确保产品无污染、安全优质。

　　主要种植茄子、秋葵、番茄、辣椒、黄瓜等，实施全有机化生产，采用家禽肥、有机肥，坚持人工除草，通过嫁接等技术解决连茬出现的病虫害问题。

　　（3）"种养结合"循环农业示范基地建设。"种养结合"循环农业示范基地示意图见图 5-8。

图 5-8　"种养结合"循环农业示范基地示意图

　　奶山羊繁育基地建设。在赵渠村北边的 37 亩地建设存栏 2 000 头的奶山羊繁育基地，品种以关中奶山羊和西农萨能奶山羊为主，可少量引进崂山奶山羊和文登奶山羊，搭建了良好的奶山羊繁育体系。建设标准化羊舍和温室大棚养殖羊舍。新建羊舍、饲料棚、晾晒场、办公生活区等。修建场内道路、排水沟等基础设施，购置打包机、给料车、饲料粉碎机等基础设备。

　　"种养结合"循环农业示范基地建设。在奶山羊繁育基地旁建设"种养结合"循环农业示范基地。种养结合是种植业和养殖业紧密衔接的生态农业模式。将畜禽养殖产生的粪污作为种植业的肥源，种植业为养殖业提供饲料，并消纳养殖业废弃物，使物质和能量在动植物之间进行转换的循环式农业。加快推动种养结合循环农业发展，是提高农业资源利用效率、保护农业生态环境、促进农业绿色发展的重要举措。

（4）面制品加工厂建设。计划将赵渠村打造成为陕西乡村振兴现代农业样板村，实施小麦-玉米一年两熟种植制度。重点发展小麦、鲜食玉米等农作物的产地初加工设施与优质特色产品加工，提升粮食产地初加工水平和深加工水平。大力支持粮食加工业特别是面制品加工业进行产业技术升级，研发满足市场对营养健康需求的面制品适度加工产品；改进与优化传统主食工业化生产技术和生产工艺，提高面粉、包子、饼干、面包和糕点等休闲食品的比重。切实加强副产物综合利用，开发副产物综合利用技术，延长产业链，提高附加值。面制品加工厂位置示意图见图5-9。

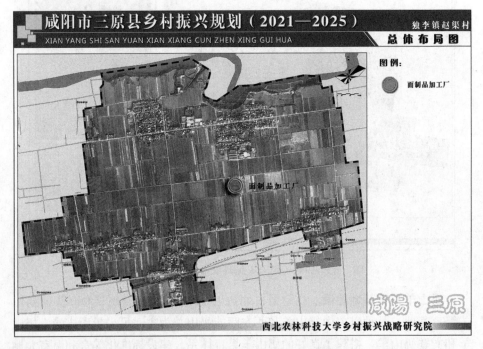

图5-9　面制品加工厂位置示意图

四、乡村文化建设

按照乡村振兴战略总要求，坚定文化自信，传承优良民风，提升村民文化素质，以村规民约、家风家训为突破口，全面提升村民的思想道德素质和农村社会文明程度，为实现乡村振兴战略提供强大精神动力和良好道德文化条件。

❶ 乡村思想道德建设规划

（1）营造文明建设氛围。在村里的主要道路、村委会广场等地方利用墙绘、宣传栏、横幅等，大力宣传中国特色社会主义、道德经典、文明礼仪、农耕文化、农业科技文化等，引导村民从我做起，从身边做起，倡导文明新风尚。

（2）突出文化主题。增建各类文化设施，积极搭建文化平台，建立农家书屋、文化活动室、农村文化礼堂等，充分发挥文化熏陶滋养的作用。

（3）组织一批乡村志愿者。激励、引导农村志愿者帮助孤寡老人、空巢老人、留守儿童等重点群体解决生活困难，培养社会主义好村风，引导群众自觉向身边人物看齐，争做文明人。

❷ 乡村移风易俗建设规划

（1）健全村规民约。发挥"两约"在维护乡村文明传承和秩序中的作用。在充分征求村民意见的基础上，制定一部村规民约，内容要接地气，突显本村特色，指导劝导规范性强。在村内显著位置进行公布的同时发放到各家各户。

（2）建设群众自治组织。建立村民理事会、道德评议会、红白理事会三个群众自治组织，积极发挥其在淳化乡风、培育新风中的重要作用。

❸ 乡村传统美德建设规划

（1）开展一系列先进评选活动。把文明家庭创建作为乡村文明建设的重要抓手，组织开展"优良家风家训""五好家庭""好儿女""好媳妇""好婆婆"等群众性精神文明创建活动，以社会主义农民家庭的好家风撑起农村社会的好风气。

（2）办好乡村大讲堂。根据需要设置不同主题，组织党员干部、村里文化能人等开展文化讲堂、道德讲堂，普及科学知识、卫生常识、优秀传统文化宣传教育等，提倡健康文化生活方式。乡村党建学习展室见图 5-10。

❹ 乡村智能学习平台建设规划

在公共服务中心内通过绘本阅读器、数字党建阅读机、留声墙，滑动指尖即可随时查找图书、畅游知识世界；通过 VR 观景台，能够沉浸式体验新中国发展历程等厚重的历史。例如设置党史学习教育"有声图书馆"。村民通过用手机扫码识别墙上的二维码即可实时线上了解更全面的红色故事，能听、能看、能体验，让党史学习教育"活起来"。

图 5-10　乡村党建学习展室

五、乡村生态建设

近年来，赵渠村村庄绿化覆盖率达 50%，村中绿化树、行道树建设规范有序；农业生产过程的作物秸秆进行还田处理，地膜使用可降解膜，畜禽粪便和生活垃圾统一处理和整治。但村中无公共厕所，改厕仍有 40% 未完成。目前最大的问题是无污水处理设施。

❶ 山水林田湖草生态保护和修复

（1）清河保护与修复工程。对清河加强河道护坡治理，加强植被覆盖，减少河道水土流失。根据流域内自然地形地貌特征、生态环境现状及区位条件，按照乡村发展战略总要求，主要开展河道清淤疏浚工程、堤面维修工程、河道景观提升工程。清河生态保护区修复前后对比图见图 5-11。

河道清淤疏浚与堤面治理。打捞原河道中浮生植物及漂浮物，清理、外运、处理河底淤泥，建设人工湿地，对河水清洁处理，修整驳岸地形。做好对堤顶绿道的平整、排水及日常管护；定时清理堤坡垃圾、杂草，对变形、裂缝、渗漏、蚁穴、鼠穴等现象及时上报处理。

图5-11 清河生态保护区修复前后对比图

河道景观提升工程。清河、道路两边种植适于观赏的灌木或草本植物，如丁香、银翘、榆叶梅、火炬、水红花、垂柳、中槐及各类常青树。滩栽面种植栽植格桑花、薰衣草等绿植，构筑清河沿线景观带。清河景观提升效果图见图5-12。

图5-12 清河景观提升效果图

（2）耕地保护与修复工程。

做好耕地质量监测工作。进行肥料利用率测算、对土壤养分变化和耕地承载力预警进行监测。为防止过度酸化引起的土壤板结、有害物质释放、病害加重等现象的发生，要特别关注土壤酸碱度变化较大的地块。

扩大农机深松深耕作业覆盖面积。努力扩大农机深松深耕作业覆盖面积，打破坚硬的犁底层，使土壤通透性得到改善，耕地质量得到提高。当耕地质地为黏土、壤土，土壤容重超过1.4克/立方厘米且影响到农作物正常生长时应适时进行深松深耕作业，一般应该间隔2年进行一次深松深耕。当土层20厘米以下为砂土时不宜进行深松深耕作业。

❷ 农业绿色发展技术体系构建

（1）农业面源污染治理。实施科学施肥示范工程。推行测、配、产、供、施一体化服务。开展技术示范，提高肥料利用率。在蔬菜、小麦、玉米等作物种植基地开展水肥一体化技术示范，实施智能施肥，按照作物需求定量施肥，减少水分、化肥投入。推广应用有机肥料，扩大有机肥料的应用范围。加强对农药废弃物的回收处理工作。按照统一部署，统一安排，推行有效的农药包装残余物的回收处理，形成村集体为主体相关部门，协调领导有关单位回收运输有效的运行处理机制，真正实现农药废弃物集中回收，集中处理，减少农业面源污染。

（2）农业生产废弃物资源化利用。农作物秸秆处理以还田利用为主，育苗、种植栽培基质利用、秸秆饲料为辅。对于畜禽粪污，严格落实畜禽粪污监管制度，配套与养殖规模和处理工艺相适应的粪污消纳用地，配备必要的粪污收集、贮存、处理、利用设施，加强粪肥还田技术指导，确保科学合理施用。

❸ 人居环境综合整治

（1）乡村垃圾治理。

实行垃圾分类，定期处理。从源头减少垃圾产生，并鼓励绿色生活；明确垃圾产生责任，谁的垃圾谁负责。农业生产资料垃圾，要设置不同收集设施，对农村医疗垃圾，要定点定期回收处理；对建筑垃圾，要定点堆放集中处理。全面推进农村废弃物治理，强化农业废弃物的清理与利用，全面清理农户家前屋后和承包地边堆放的农业废弃物，全面推进开展农用废弃物整治与循环利用处理工作。

（2）乡村生活污水治理。在畜禽养殖场污水排放处理中，村民设置沼气池，在污水经过系统处理之后再进行科学排放。施行雨污分流方法，雨水排放采用明沟就近排入清河，或生物净化后用于农田灌溉。以分散处理和集中处理相结合，中水回用和水综合利用相结合，构筑完善、形式多样、生态环保的污水处理体系。污水治理前后对比图见图 5-13。

图 5-13　污水治理前后对比图

（3）乡村厕所粪污治理。选择三格化粪池、双瓮式厕所、沼气池厕所、粪尿分集式厕所等常规厕所。村两委班子要切实有效加强后期管控，安排专人进行维护保养，确保村民满意。

第四节　实施计划与保障措施

一、实施计划

实施乡村产业振兴战略是一项系统工程，本规划方案的实施划分为三个阶段进行。各阶段的建设任务具体如下：

第一阶段：基础夯实阶段（2021—2022 年）

完成污水处理设备及雨污分流设备的安装，完成基础设施与人居环境改造项目。

第二阶段：提档升级阶段（2022—2023 年）

完成清河休闲农业产业观光带的建设。

第三阶段：全面振兴阶段（2024—2025 年）

完成现代农业高效生产区的建设。

二、保障措施

❶ 强化组织领导

加强赵渠村村党组织建设，村党支部书记要起到带头作用，认真贯彻落实党的方针政策、公正廉洁、勇于开拓、敢于创新、乐于奉献，有利于带领人民群众发家致富。通过优势互补的原则组建村班子，聚集各项优势资源，做好示范带头作用，发挥党组织在乡村振兴中的战斗堡垒作用，才能齐心协力、团结奋斗，提高整个班子的行动力，进而更好地吸引并带动农民群众，激发并汇聚成发展合力。同时，加强后续对党组织成员尤其是年轻党员的培养，努力提升其工作的活力和动力，增强基层党组织的凝聚力、创造力和战斗力，确保乡村振兴战略的角色部署落地见效。

❷ 人才培训措施

乡村振兴，关键在人。人才不仅要精挑细选出来，还要勤于教学培养好。首先，要不断加强农村人才队伍建设，大力扶持、培养赵渠村一批有文化、懂技术、会经营的新型职业农民、乡村工匠、文化人才和非遗传承人等。其次，要加强村干部队伍的培养。通过外出培训、跟班学习等多种方式，为乡村干部提供多种培训锻炼的机会，不断提高农村干部科学谋划工作和解决实际问题的能力，让真正有能力有信心的干部带领群众推进乡村振兴大业。最后，要对这些人才分层次、分类别的精准定位，根据其意愿以及兴趣爱好，进行精准的培训和培养，形成长效的人才培养机制，建立健全乡村人才管理网络。

❸ 强化资金保障

建立健全农业投入稳定增长机制，加快形成财政优先保障、金融重点倾斜、社会积极参与的多元投入格局。进一步拓宽财政支农资金的渠道，建立涉农资金统筹整合长效机制，加大政府新增财力向"三农"倾斜力度，切实落实土地出让收入优先支持乡村振兴建设。在此基础上，加快构建资金、资源、平台、技术等全要素服务体系。同时，把税费减免、用地支持、社会保障等政策用好用足，打造回乡入乡创业创新平台，把本土能工巧匠用起来，把新型职业农民育出来，把各方乡贤精英引回来，为乡村振兴提供人才保障，为农业农村高质量发展持续注入新动能。

❹ 壮大集体经济

从实际出发，因地制宜，分类指导，扬长避短，发挥比较优势，探索集体经济多种发展途径。在盘活存量资产，确保村级集体资产保值增值的基础上，一要根据本村实际，充分利用空闲、闲置土地等资源，建造标准厂房、营业用房等。二要利用建好的厂房、营业房，引进外来资金，在所有权归村集体所有的前提下，村经济合作社与投资者签订租赁合同，由投资者先垫付资金，抵缴每年上缴租金。三要结合农村综合改革，加大宣传力度，让农民明白应尽的义务。

第六章

城郊结合性乡村综合体
构建的实践及案例

—— 三原县陂西镇荣合新村城郊结合乡村综合体建设规划

第一节　基本情况

一、振兴基础

陕西省咸阳市三原县陂西镇荣合新村，西接蔡王村，东接余渭村、共富村，北接新庄王村，南接西安市高陵区。距三原县城，仅6公里，15分钟车程，西部3公里处接驳西黄高速，北部1.5公里为三原县东部X319干道，交通便利，地理位置优越，与周边区域联系紧密，区位优势明显。村庄核心区位于东经108°59′4.02″，北纬34°35′23.93″，村落行政区域呈倒三角分布，占地面积186.9公顷，下辖两个自然村：闫滩村、崔家堡。

全村2个自然村，2021年全村户籍人口共396户，2 196人，常住人口约1 580人。根据实地调研数据分析，村内50岁以上的人占大多数，年轻劳动力较少，妇女居多，外来人口较少。整体趋向于人口自然增长率降低，老龄化增加，劳动力减少。民居主要沿302县道分布，北部为闫滩村，南部为崔家堡村，村落集中度高。

二、存在问题

产业问题：草坪产业种植技术较落后，有土栽培方式对田地耕层破坏严重，产业风险较大，受市场价格波动影响较大，产业链条过短，未能充分利用其三原县草坪种植龙头地位的优势，向草坪产业上下游延伸，产业效益受限。荣合新村蔬菜以零散地种植为主，仅存数个普通拱棚，主要种植洋葱、茭白，无法形成产业。手工挂面都是家庭作坊，产量限制，资金技术薄弱，缺乏品牌支撑。

生态问题： 因多年连续种植草坪，农田土壤耕层明显变浅，下降约 10 厘米，表土土层孔隙度较小，硬化严重。全村改厕进展较缓，厕所以门前旱厕为主；生活污水随意排放问题较为严重，严重影响空气质量。村内"三堆六乱"整治不到位，亟需清理。

文化问题： 公共文化基础设施仍需完善，缺少图书室，没有供居民健身娱乐的文化广场，现有的 3 间党群活动室因活动较少，使用率较低。村内暂未制定统一的村规民约，家风家训，村民自治能力有待提高，村民参与度仍需提升。

基础公共服务设施存在问题： 水电气通信等基础设施，除村内电线排布较乱外无其他大问题。公共服务设施存在"有而无用""分布不均"问题，党群活动室使用较少。村内卫生室经常关门，造成居民不便。村内无物流快递服务点，文化设施较少，缺少图书室，也没有供居民健身娱乐的文化广场。

第二节 总体要求

一、规划思路

以习近平新时代中国特色社会主义思想为指导，全面贯彻落实党的十九大及十九届二中、三中、四中、五中全会精神，深入学习习近平总书记来陕考察重要指示，加强党对"三农"工作的领导，坚持新发展理念，落实高质量发展要求，统筹推进"五位一体"总体布局，协调推进"四个全面"战略布局，坚持农业农村优先发展，坚持把解决好"三农"问题作为全党工作的重中之重，按照"产业兴旺、生态宜居、乡风文明、治理有效、生活富裕"的总要求，以产业结构调整为抓手，以草坪立体种植、粮食种植、蔬菜种植、手工挂面、城郊生态休闲产业为核心，以乡村建设行动为保障，将荣合新村打造为三原县休闲农旅打卡地，打造三原县城郊融合型乡村产业振兴样板村，引领关中地区城市郊区乡村的全面振兴发展。

二、规划原则

坚持党的领导。村级层面落实五级书记抓乡村振兴，做好各项政策的落地实施工作。发挥村中党员积极带头作用，选优配强"两委"班子人员。广泛调动村民对村庄建设的积极性，发展村民在村庄规划、布局及建设中的主动性和创造性作用。

坚持农民主体地位。把维护农民群众根本利益作为出发点和落脚点，遵循居民自愿的原则，充分考虑各方主体切身利益和发展要求，优化利益联结机制，推动荣合新村乡村全面振兴，迈向共同富裕目标。

坚持因地制宜原则。立足村内实际情况，把满足村民的生活、生产和发展需求作为规划的出发点。因地制宜，量力而行，充分研判荣合新村发展现状与发展态势，科学规划，合理安排，稳步推进村庄各项建设，增强规划落地性。

坚持多规合一原则。统筹各级规划政策，研判发展态势，实现一个村庄一本规划、一张蓝图，协调各级规划近远期发展目标，避免投资浪费。

三、规划定位

在综合研判上位规划的基础上，针对上位规划对荣合新村提出的村庄定位及区位优势，综合考虑全村发展水平及未来发展方向。充分发挥村庄现有优势，挖掘并整合村庄手工挂面生产，推动草坪产业技术升级和产业链延伸，以"还粮减草增菜"为指引，以产业融合发展为主要内容，推动荣合新村全面振兴。

经过五年建设，将荣合新村打造为三原县休闲农旅打卡地，打造三原县城郊融合型乡村产业振兴样板村，争创国家级乡村振兴示范村。

四、规划目标

到 2025 年，村域层面乡村振兴规划目标基本实现。以草坪、粮食、蔬菜、手工挂面、城郊生态休闲为主的产业体系基本构建完成；以农田保护与修复为主，村庄污水治理为辅的生态治理格局基本形成；以文峰木塔为引的历史文化、以科教体验为主的农耕文化产业基本形成，村庄文化基础设施基本完善；

以"法制、自治、德治"为体系的乡村治理体系基本健全。

到 2035 年，荣合新村成为产业强劲、文化繁荣、居民富裕、生态宜居、治理有效的城郊融合型乡村产业振兴样板村。草坪产业链全面形成，"粮食→手工挂面"的粮食生产加工增值链全面形成，"设施蔬菜＋特色农旅"产业形成规模，一、二、三产业深度融合发展格局全部实现。美丽乡村建设全面完成，乡村基本公共服务实现均等化。乡村文化进入全面繁荣阶段。农民精神文化生活需求得到全面满足。

第三节　重点建设任务

一、总体空间布局

根据荣合新村农业资源条件和上位规划，以及周边产业、文化、旅游及交通等，拟对荣合新村进行"两轴三心四区多点"建设（图 6-1）。

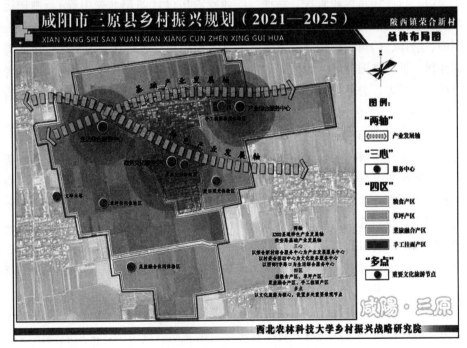

图 6-1　荣合新村总体空间布局

两轴，指 X302 县道特色产业发展轴，荣安路基础产业发展轴。

三心，指以荣合新村综合服务中心为产业发展服务中心，以村委会活动中心为文化政务服务中心，以西部 Y 字路口为生活综合服务中心。

四区，指粮食产区、草坪产区、菜旅融合产区、手工挂面产区。

多点，指文峰木塔、草坪休闲体验区、菜旅融合休闲体验区、麦田观光体验区、农家生活体验区、手工挂面参观体验区等休闲旅游节点。

二、乡村建设规划

充分考虑荣合新村产业发展需求与居民生活需要，依据乡村振兴示范村基础公共服务设施配置标准进行建设，根据荣合新村现有配置，以"基础设施完善，公共服务均等"为目标，推动荣合新村生活服务功能、生产服务功能完善。依托两个自然村建立两个基本生活圈。到 2025 年，荣合新村基础设施建设全面完成，公共服务功能扩展，居民生活便宜度显著提高，幸福度明显增强。

❶ 村庄绿化与美化建设

（1）村庄建筑风貌管控。参照《陕西省农房设计图集（关中篇）》挑选适合荣合新村的民居风，推进交通干线沿线及周边户型的相对统一。围绕屋顶、围墙、墙体、门窗、门楼、院落等六元素，挖掘和打造具有关中文化特色的美丽乡村。拆除破旧建筑，无人居住的废弃破旧宅院，改建为村民活动场地或者村庄绿化节点、公共停车场地等。重点开展 X302、荣安路沿线农居立面整治工作。图 6-2 为民居示意图。

（2）深入实施村庄绿化。荣合新村以三横四纵多点的空间布局展开绿化。做好链接文峰木塔与荣合新村之间休闲观光带的主要道路的绿化工作。村路两旁可以种植新疆杨、榆树、白蜡、侧柏、国槐等乔木类品种，优先考虑绿化的生态效益，将乔木、灌木、草本植物、花卉等多种植物组合分配，打造层次分明的道路景观。庭院内可以栽植薄壳山核桃、枣、柿、李、梨等，打造"经济型"庭院。民居门前采用统一样式花坛等栽植观赏性强的花卉或灌木，打造"观赏型"门庭。通过种植紫藤、凌霄等攀缘植物，推动农家院墙绿化。图 6-3 为门前花园效果图。

（3）开展村庄美化行动。将村庄主要道路作为提升的重点，对主要街道的沿街立面进行统一规划改造，对原有房屋沿街立面进行清洁，沿街院落围墙墙体进行立面美化。对沿街门窗进行统一粉刷、更换。村委会周围以及被胡乱张

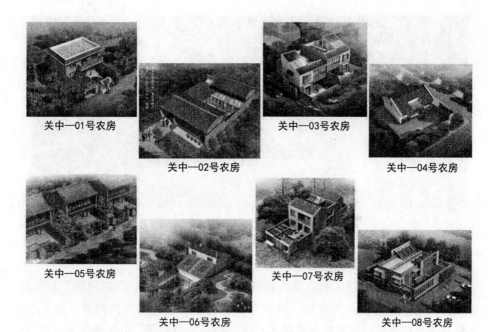

关中—01号农房

关中—02号农房

关中—03号农房

关中—04号农房

关中—05号农房

关中—06号农房

关中—07号农房

关中—08号农房

图6-2　民居示意图

图6-3　门前花园效果图

贴小广告的墙体上绘制道德实践文化墙，主题上紧扣乡愁，使乡土气息更加浓重。对村庄出入口建立村庄标识，对其及周围进行绿化美化。图6-4为村庄立面美化改造效果图。

图 6-4 村庄立面美化改造效果图

❷ 乡村基础设施建设

（1）村内路网修缮工程。清查村域内破损、颠簸路段，及时修缮。加强村内机耕路错车段建设，为农机、游客等提供行车便利。解决村内断头路问题，将机耕路互相连通。完善村内道路指示牌、凸面反射镜等。最终构筑远近结合、干支相接、功能明确的区域路网体系。荣合新村道路系统规划图见图6-5。

图 6-5 荣合新村道路系统规划图

（2）电力电网整治。联合电力部门，开展村内电网整治工作，排除电力隐患，移除废弃电线、电杆等，更换老旧电网设备，解决"电杆多、线缆杂"等问题，增加电力设施警示牌，开展电杆美化行动。

（3）推动快递进村。依托荣合新村产业综合服务中心，引入菜鸟驿站网点，为村民提供收发快递服务。打通荣合新村优质农产品线上流通线。

（4）优化环保环卫。加强环保宣传，提高居民环保意识，鼓励居民保证门前屋后卫生。增加村内环卫人员，提高环卫工作频次，防止垃圾溢出垃圾堆放处。为村内每个垃圾桶设立相对隐蔽的垃圾桶放置专区，进行简易固定，解决垃圾桶沿街乱放的问题。

（5）加强防卫防灾安全。加强清查村内火灾隐患，村内巷道每两个巷道选址建设消防水池一个，共计 11 个，每个街区重要节点配置灭火器各一个。清查村内危房，支持尽快重修或改造。

❸ 公共服务设施建设

（1）产业综合服务中心。建立荣合新村产业综合服务中心，设立新型经营主体、产业协会办公区，农业社会化服务区、技能培训区、健身区。办公区主要用于日常办公，增加新型经营主体交流，同时具有创业孵化作用；农业社会化服务区，开展供应服务、销售服务、加工服务、信息服务、快递物流服务等；技能培训区作为荣合新村技能学习、装备推广、经营管理培训开展的区域；楼外空地增加健身设施一套，供居民健身娱乐，配置公共厕所 1 个，标准车位 2 个。产业综合服务中心如图 6-6 所示。

（2）政务文化服务中心。政务文化服务中心依托村委会建立，包括政务区和文化区，政务区主要作为村两委班子办公区，开展村务工作。文化区包括图书馆、文娱活动室、文化广场（村委会庭院），为居民提供休闲健身、文化学习、电影放映等服务。

（3）污水处理站建设。依据污水处理站建设标准，于村东部修建荣合新村污水处理站，收集村内生活污水。鼓励村民积极参与门前污水渠清污行动，同时进行污水渠加盖，完善排水渠网，最终将全村污水渠网连接进入污水处理站。

（4）加强数字乡村建设。推动信息化技术赋能草坪、设施蔬菜、粮食生产全过程，推广自动喷灌、无人机、智能装备的应用。加快"互联网＋政务"体系建设，开展线上政务信息采集、事务办理，发布益农信息、供销信息、技能培训信息等乡村公共信息。

图 6-6　产业综合服务中心

三、产业提质增效规划

按照"还粮减草增菜，融合创新发展"的规划思路，以增加农民收入为根本目标，推动荣合新村产业全面振兴。构建"草坪产业增收入，粮食蔬菜调结构，手工挂面增效益，特色农旅促融合"的产业发展布局，做强草坪特色产业，做稳粮食基础产业，做精菜旅融合、手工挂面辅助产业。强化科技支撑，建立现代化生产体系。培育新型经营主体，构建现代化经营体系，促进小农户与现代农业有效衔接，力争率先成为全县乡村特色产业振兴示范标杆。

❶ 产业振兴的基本框架

（1）产业体系构建。

做强特色产业——草坪产业。按照"减草"思路，通过技术升级，通过温室基质立体种植方式，扩大草坪种植面积，打造 1 100 亩现代化草坪种植区。以壮大集体经济为目的，联合村内草坪种植主体，成立联营园艺公司，提供草坪铺设、后期维护等服务，延伸草坪产业价值链。开展草坪休闲娱乐项目，吸引游客，与文峰木塔、设施蔬菜休闲农业板块相呼应，提升"安乐荣合草皮"商标知名度。

做稳基础产业——粮食生产。按照"还粮"思路，提高粮食种植现代化水平，培养粮食种植主体，以专用粮生产为核心，强化现代科技装备应用，通过规模化生产，集约化经营，形成北部粮食产区（强筋小麦→水果玉米）350亩，东部高标准吨半粮产区（中筋小麦→籽粒玉米）500亩，最后随着草坪清退逐步扩大面积。

做精辅助产业——菜旅融合、手工挂面。菜旅融合：以打造三原县后花园为目标，开展360亩设施蔬菜种植区建设，种植区集蔬菜种植、休闲采摘、生态餐饮、田野宿营、蔬菜配送等功能为一体，提高荣合新村服务三原县城区的休闲功能。手工挂面：引导荣合新村现有手工挂面加工户成立合作社，以统一生产标准为核心，创新产品种类，提高产品质量，打造荣合挂面品牌，延伸本地粮食产业链。

（2）生产体系构建

深化农业科技应用，推进农业绿色发展。依托荣合新村产业综合服务中心，构建现代化农业社会服务体系，加强现代化技术装备应用。加强技术交流合作，定期开展草坪种植技术交流，强化技术应用，探索温室基质立体草坪种植技术，提高草坪发展可持续能力。加快草坪、粮食生产全过程机械化技术集成，促进农业专业化、标准化、规模化、集约化发展。

提高农业信息化水平，推进数字农业发展。开展数字农业建设，在生产、市场、消费全产业链环节进行信息化改造。依托荣合新村产业综合服务中心，增加电商服务功能，培育网货品牌，销售粮食、蔬菜、手工挂面等绿色农产品。探索农场直供、消费定制等电商新模式，开展"基地＋城市社区"的电商配送服务。逐步建立覆盖粮食、蔬菜、手工挂面生产过程可追溯系统，形成生产有档案、产地有准出制度、销售有准入制度、产品有标示和身份证明的全程质量追溯体系。

落实农业双减政策，加快构建绿色生产体系。围绕"一控两减三基本"目标，加强粮食、草坪、设施蔬菜生产过程病虫害统防统治和全程绿色防控，推进农药化肥减量增效。推动草坪水肥一体智能化改造，加强东部吨半粮生产基地建设，开展测土配方。加强农业面源污染治理，实施源头控制、过程治理与循环利用相结合的综合防治，开展农药瓶袋、化肥包装等废弃物回收试点。荣合新村三大体系构建思路见图6-7。

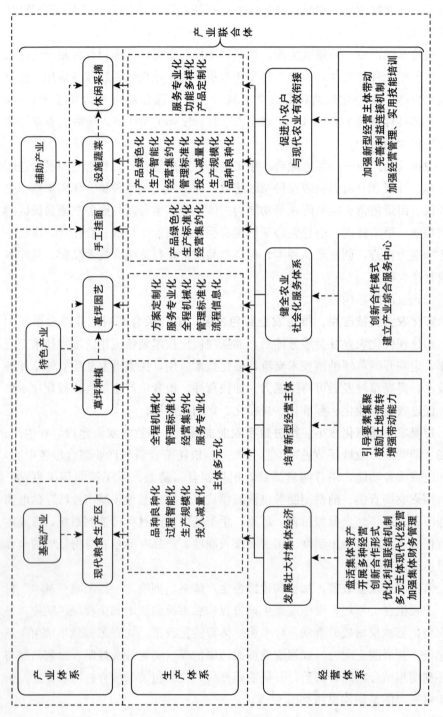

图6—7 荣合新村三大体系构建思路

（3）经营体系构建

发展壮大村集体经济。积极盘活村内集体资产，探索自主开发、合资合作、入股参股、村企共建等多种经营，通过联营设施蔬菜区、园艺公司等持续壮大集体经济。建立健全村集体经济运行机制，持续推动集体经济快速发展，加强村集体财务管理，优化收益分配机制。

培育新型经营主体。以主体自愿为原则，以企业、合作社为主要培育形式，加快新型经营主体培养，汇聚资金，凝聚人才。引导土地向新型农业经营主体流转，充分发挥新型经营主体带动作用，加快优化利益联结机制，引导村内更多农户以多种形式参与其中。

健全农业社会化服务体系。成立荣合新村产业综合服务中心，由村内企业、专业合作社、专业大户、小农户代表等多种主体合作开展现代化经营管理，同农业社会化服务公司合作，降低农资、农机等服务成本，同时为产业发展提供技能培训服务，推动荣合新村农业现代化水平提升。

促进小农户与现代农业有效衔接。引导村内新型经营主体带动小农户，创新合作形式，开展土地流转或农业生产托管等。完善土地入股等利益联结机制，引导村内新型经营主体带动小农户共同发展。邀请镇技术服务站或农资企业，定期开展线上线下结合的现代农技、经营管理培训等。

❷ 重点产业布局规划

（1）草坪产业发展规划。依据"还粮减草增菜"总体规划思路，以"技术升级，产业延伸"为抓手，降低产业发展风险，推动草坪产业可持续发展。推动传统有土种植草坪清退，应用温室草坪基质立体种植，成倍提高草坪种植面积，释放土地质效，为其他产业发展开拓空间。建立联营园艺公司，提供草坪技术指导、草坪铺设、维护等服务。紧抓农田修复工作，开展土壤测肥行动，对地力损耗和地表土壤破坏过大的土地实施休耕养地措施，形成长效化土地轮休制度。到 2025 年，有土种植草坪种植占地面积缩减 150 亩，基质草坪种植占地面积再次扩大至 300 亩，建成 1 个现代化草坪基质立体种植示范区。联营园艺公司运营步入正轨，农田修复常态化制度基本完善。草坪产区功能分区图见图 6-8。

草坪基质立体种植示范区。以草坪基质立体种植技术替代传统有土种植技术，以标准化技术规程为指导，引入先进科技装备，提高草坪种植现代化水平。加快基地建设，建设草坪立体种植智能温室，按照《玻璃温室通用技术规范（T/YNYY 2—2020）》以及草坪立体种植技术规程要求，分三期建设。配

图 6-8　草坪产区功能分区图

置草坪自动化打包车间，进行草皮捆扎、转运上车等工作。

联营园艺公司。 依托安乐草坪协会，以荣合新村草坪新型经营主体、小农户等为参与主体，以壮大集体经济为目标，成立联营园艺公司，提供技术指导、草坪铺设、后期维护等服务。

（2）粮食产业发展规划。严守耕地红线，防止耕地"非粮化"趋势，遵循产业规划"还粮、减草、增菜"的总体思路，以北部及东部地区作为高品质粮食生产区，占地约 850 亩。以"增加面积提产能"为总体思路，以"优质、安全、绿色"为生产要求，推动粮食合作化、规模化生产，协同荣合新村手工挂面产业规划，为手工挂面提供优质小麦粉原料，提升粮食生产附加值。到2025 年，北部粮食产区种植强筋小麦/水果玉米 350 亩，东部粮食产区种植中筋小麦/籽粒玉米 500 亩，建成东部 500 亩吨粮田。

加快吨粮田建设。 加快建设"田成方、渠成网，旱能灌、涝能排"的吨半粮田 500 亩，切实增强农田防灾抗灾减灾能力。鼓励粮食生产农民合作社、种粮大户等通过筹资投劳等方式，参与农田建设运营，分享合理收益。以新建成的吨半粮田为重点，推进工程、农艺、农机措施结合，充分利用有机肥替代化肥、耕地质量保护与提升、旱作节水技术，构建耕地质量保护与提升长效机制，由粮食生产农民合作社作为吨半粮田使用管护主体。

引进优良粮食品种。 积极选引西农 529、西农 511 等强筋小麦品种，秦龙甜 1 号、农科玉 368 等水果玉米、陕单 650 籽粒直收玉米品种，提高粮食单产及品质。

（3）菜旅融合产业发展规划。坚持"菜旅融合补短板"的思路，以露地菜为基础，以普通拱棚为辅助，以智能温室为突破点，打造"三菜并举，体验俱全"的菜旅融合新模式新业态。打造"荣合小菜"高端蔬菜品牌，提高产品附加值。丰富服务功能，提供线上订单、特色餐饮、农耕体验、果蔬采摘、田野露营等为一体的现代化服务体系，提升游客体验。打造三原县城郊，西安市北部特色农旅网红打卡地。到 2025 年，建成 2 000 平方米智能育苗温室两个（占地约 6 亩），2 000 平方米日光温室 1 个，普通拱棚 50 座（占地约 72 亩），露地菜 252 亩（含露营基地两个），蔬菜分拣中心 1 个（含简易冷库 1 个）。年接待游客 1 000 人以上。菜旅融合功能分区图见图 6-9。

图 6-9　菜旅融合功能分区图

蔬菜种苗培育区。 建设 2 000 平方米蔬菜智能育苗温室 2 个，配套遮阳降温、防寒保温、通风换气、水肥一体、育苗床架、基质装盘、播种、催芽等设施设备，开展大葱、花白、黄瓜、西红柿、辣椒、芹菜等育苗，年产达200万株。智能温室效果图见图6-10。

图6-10 智能温室效果图

标准化蔬菜生产示范区。 依托普通拱棚（图6-11）、露地菜，提高蔬菜种植标准化水平，开展绿色高效种植。制定基地蔬菜种植管理规范，引入信息化管理系统。配以春提前、秋延后的蔬菜生产和冬季叶菜类种植的生产模式和水肥管理、农艺操作、病虫害防治、能源循环利用等技术实现高效生产。

农耕文化休闲体验区。 依托露地菜（图6-12），为游客提供亲子农耕体验。建设露营地两个，可搭建帐篷，游客晚上可以自行开展观星、娱乐等活

图 6-11 普通拱棚效果图

动。依托智能育种温室、日光温室，为游客提供现代化农业科普，依托普通拱棚，提供草莓、樱桃、西瓜、西红柿等果蔬农耕、采摘体验。

图 6-12 露地菜效果图

蔬菜分拣中心。 建成集运输、仓储、分拣、包装于一体的农产品分拣中心（图 6-13）。配置相应预冷设施、整理分级车间、冷藏库，以及清洗、分级、新型塑料包装、烘干等设备。用于蔬果物流配送、储藏、保鲜、加工包装精品净菜、水果礼盒。

图 6-13 蔬菜分拣中心效果图

农家生活体验区。于南部崔家村选择 5～10 户农居进行改造，基于村民自愿原则，打造高端传统风格民宿。联合村内其他农旅节点，提供住宿、休闲、体验等服务项目；采用预约入住方式，集体经营，统一管理，提供优质服务，健全监管机制。农家生活体验区效果图见图 6-14。

（4）手工挂面特色产业规划。以"合作经营、规模生产、创新产品、建立品牌、拓展销路"为规划思路，成立荣合新村手工挂面合作社，选址合建手工挂面加工厂，股份化经营，通过统一生产标准、统一技术培训、统一原料供应、统一产品销售，提高产业组织化、专业化、市场化程度。推动产品创新，打造优质无添加面粉、多彩手工挂面等产品种类，打造"荣合小面"手工挂面品牌，开辟三原县、西安市等临近城镇高端消费市场。到 2025 年，手工挂面加工厂投入生产，手工挂面实现标准化绿色生产，形成彩色手工挂面等创新产品 5 个以上，优质无添加小麦面粉、玉米面粉等产品 3 个。

建设手工挂面生产基地。于产业综合服务中心西部，建设手工挂面标准化生产基地，生产厂房 200 平方米，晾晒场地 300 平方米。购进先进的磨面机等设施配置，满足优质无添加面粉生产以及手工挂面专用面粉配置。

成立手工挂面合作社。鼓励村内现有手工挂面生产主体，成立合作社，优化利益连接机制，统一生产，统一包装，统一销售。提高手工挂面市场竞争力，提高市场话语权。

创新手工挂面种类。积极迎合市场需求，打造全麦手工挂面和荞麦手工挂面、西红柿手工挂面、胡萝卜手工挂面、苹果味手工挂面等；针对不同人群制作不同的手工挂面类别。

打造手工挂面品牌。针对三原、西安等高端市场，打造专属儿童、老人、

图6-14 农家生活体验区效果图

孕妇等人群的"荣合小面"手工挂面品牌。积极通过网络直播、短视频等新媒体渠道开展宣传与营销活动，打响荣合小面品牌。

四、乡村文化建设

以"安乐荣合"为规划思路，打造"安居、乐业、繁荣、合美"的优良乡风文化。协同菜旅融合产业，构建起以农耕文化为核心的文化产业，实现文化、产业协同发展的振兴局面，为村文化振兴取得决定性进展提供坚实基础，为乡风文明达到新高度提供有效保障。

到2025年，荣合新村文化建设达到新高度，文化活动深入开展，文化设施基本完备，文化建设制度完善，农耕文化产业崭露头角，区域广大居民精神文化需求得到基本保障，初步建成文化内容多样、乡风民风淳朴、文化人才辈出的文化振兴示范村。

❶ 基础文明创建

开展"十个一"创建，一名义务宣传员，一个道德评议会，一支志愿服务队，一批文明示范户，一部村规民约，一组家风家训，一支文艺演出队，一个文体活动中心，一面文化墙（图 6-15），一个善行义举光荣榜，推动创建文明村、文明家庭，评选好人好事。

图 6-15　文化墙效果图

❷ 先进文化乐民

完善村内文化设施，依托北部综合服务中心，建立文化广场一个，配备一套健身设施，一面文化宣传墙。南部村委会院落进行美化改造，对墙面进行美化，院内增加健身器材一套。完善村内图书室图书，增加经营管理、种植养殖技术、文学名著等书籍类型。图 6-16 为文化设施效果图。

（1）家风家训建设。广泛征集村民意见建议，征集凝练家风家训，形成荣合新村家风家训集，传承弘扬好的家风家训。

（2）婚丧礼俗整治。加大宣传力度，倡导理性人情消费，推行生态殡葬改革，遏制封建迷信活动，杜绝大操大办现象。

（3）村规民约倡导。广泛收集居民意愿，修订完善村规民约，建立常态化

图 6 - 16　文化设施效果图

监督机制，发布"善举榜""好人榜""红黑榜"等。

（4）乡风民风评议。推动居民参与到乡村文化建设过程中，成立荣合新村红白理事会、道德评议团，选举居民轮换参加。设立乡风文明榜，形成奖惩机制。

（5）农耕文化产业。依托菜旅融合产区，开展亲子农耕体验、义务教育阶段耕读文化教育等业务，同时通过秸秆、麦穗等进行创意产品制作，用产业带动文化传承与发扬。

五、乡村生态建设

以"六化"和"六有"为目标，推动美丽宜居乡村建设。以"农田保护与修复"为核心，提升荣合新村农田生态环境。以"清、理、优、引"方针，开展村庄生态综合治理。以农业面源污染治理、农业废弃物资源化利用为主要内容，推动农业绿色生产。完善生态宜居建设与管护机制，建构田居融合共生、优美和谐的生态空间环境，创建三原县美丽宜居乡村建设示范村。

到2025年，全村生态宜居建设水平取得阶段性重要进展。村内厕所改造全面完成，生活垃圾治理能力得到全面提升，生活污水治理取得阶段性胜利，村庄绿化美化工作积极落实，村居焕发新面貌，农业绿色生产水平进一步提高，农田保护与修复常态化机制基本健全，农田保护措施落实到位，"生产、生活、生态"三大空间生态环境全面提升。

❶ 山水林田湖草生态保护和修复

（1）草坪有土种植耕地清退修复。加强土壤修复，调节土壤结构，在清退耕地上开展测土配方施肥，采用豆科植物→饲草轮作模式生产两年，同时施用有机肥增加土壤有机质来源，优化水肥管理，使肥料与灌溉的分配逐步满足粮食、蔬菜种植的生理需求。

（2）村庄污水淤积地清理行动。推动清理北部闫滩村东部污水聚集地，通过挖机对污水淤积地进行清理，采用常温解吸、异位热脱附、填埋场覆土利用、水泥窑协同处置等方法，对已污染地块进行修复处理。同时推动污水源头治理，通过联通村内排水管网，建立污水处理设施，从根本上解决污水问题。建立常态监督机制，将乱排乱倒污水的居民纳入村红黑榜，进行批评教育。

❷ 农业绿色发展技术体系构建与完善

（1）农药化肥减量化。遵循"预防为主、综合防治"的环保方针，严格控制使用剧毒农药、持久性类农药，减少使用高毒农药、长残留农药，使用安全、高效、环保的农药，鼓励推行生物防治技术。遵循循环经济理念，科学制定环境友好的养分管理技术。通过平衡施肥、适时施肥、多种施肥方式相结合、大力推广缓释肥料等措施，提高氮磷养分利用率，减少农田面源污染。

（2）农业生产废弃物资源化利用。在产业综合服务中心设立农用地膜、包装袋回收点，效仿生活垃圾"垃圾银行"运营模式，设立积分制度，开展"以旧换新""废物换商品"长期活动。农作物秸秆以还田利用为主，蔬菜育苗、草坪种植栽培基质利用、村内养殖户饲料化为辅。秸秆还田主要采用直接粉碎还田、炭化还田和与畜禽粪污混合堆肥后还田三种方式。对全村养殖区域内可收集的畜禽粪污逐步实现畜禽粪污减量化、无害化、资源化处理。主要采用

"种养结合、农牧循环"模式，与清退农田修复结合，就地消纳。

❸ 人居环境综合整治

（1）农村厕所改革。深入推动厕所革命，根据全村实际情况选择合适改厕方案，推广水冲式、双瓮漏斗式、三格化粪池式等无害化卫生厕所，推进厕所粪污资源化利用。对庭院狭窄的农户，选择粪尿分离式、菌类分解式卫生厕所；对人口集中区域，建设大容量三格化粪池卫生公厕。配套建设符合《城市公共厕所设计标准》（CJJ14—2016）三类标准以上的公共厕所，将公厕保洁、设施设备管理维护纳入村庄保洁范围。到 2025 年，农村无害化卫生厕所达到100％，建成公共厕所 3 个。

（2）生活污水治理。积极利用美丽宜居示范村建设机遇，在荣合新村东部建立村级污水处理站。与厕所改革协同开展工作，加快村内现有排水渠清淤加盖改造，加强排水渠系、污水管网铺设与完善，推动村庄污水管网向东部污水处理设施延伸。2025 年污水处理率达到 90％以上，规划荣合新村污水处理站日处理污水 500 吨。污水排放标准按照《陕西省农村生活污水处理设施水污染物排放标准（DB61 1227—2018）》执行。

（3）推动"八清一改"。党员带头，引导村民，组织实施各项重点工作清理，重点整治农村生活垃圾，清理村内塘沟，清理畜禽养殖粪污等农业生产废弃物，清理室内外卫生，清理乱堆乱放乱搭建，清理废弃房屋和残垣断壁，清理农村河道卫生，清理农村道路沿线卫生。广泛宣传农村环境综合整治工作的重要性和必要性，动员干部群众自觉参与，改变影响农村人居环境的不良习惯。实现"村容靓、道路洁"的目标要求，促进美丽乡村建设再上新台阶。图 6-17 为垃圾桶效果图。

图 6-17　垃圾桶效果图

第四节 实施计划与保障措施

一、强化组织领导

要突出荣合新村政治功能，提升组织力，加强对村内各类组织的统一领导，打造充满活力、和谐有序善治的荣合新村，形成共建共治共享的治理格局。把荣合新村村民的思想、行动、力量和智慧凝聚起来，在完善民主选举的基础上，组织并引导村民参与到乡村治理中来，成立村民会议、村民代表会议、村民议事会、村民理事会、村民监事会等多种形式，形成荣合新村村级事务阳光工程。

二、人才培训措施

鼓励荣合新村走出去的大学生返乡创业，关注返乡创业者的困难诉求，帮助解决、倾力支持。加强荣合新村的基础设施建设、环境建设，吸引和留住农业领域的人才。根据荣合新村产业所需人才，定期对荣合新村的现代化粮食种植户、草坪种植户以及手工挂面制作人进行免费的理论教学和技术指导。

三、强化资金保障

建立荣合新村由政府主导、社会资本参与、个人投资等多元化的投融资体制。政府、财政部门为资金投入主体，成为乡村振兴主要资金来源，并构建新型的"银政合作模式"。放开市场准入，对乡村振兴所需资金，进行金融、财政体制和资金使用机制创新，保障资金合理、合规、合法流入"三农"领域。对流入荣合新村乡村振兴领域的资金，实行差异化管理，主要是差异化监管和考核，确保资金在乡村振兴中发挥充分作用。

四、壮大集体经济建设措施

要实事求是地对荣合新村各类资产、债权债务进行全面清理，摸清家底，做到账实相符，心中有数。依法清收债权，对于农民欠集体的款项，要根据实际承受能力制定各项清欠办法，采取合法、有效的措施加以收回。对于不合法的合同、村集体债务要依法进行核销，合法的要制定出具体的还款计划，逐步还清。要根据荣合新村本村的实际情况，制订切合实际的村级集体资产管理制度，把荣合新村村级财务和集体资产管理纳入制度化、规范化管理轨道。积极盘活荣合新村闲置或低效使用的办公用房、校舍、厂房、仓库、机械设备等集体财产，通过发包、租赁、参股、联营等方式，推动农村"死产"变为"活权"、"活权"变为"活钱"，提高闲置存量资产的利用率，拓展村级集体经济发展空间，增加村集体经营收入。

五、农户利益保障措施

借助广播、公示栏等多种媒体广泛宣传惠农保险政策。通过采取发放明白信、入户宣传、现场咨询会宣传讲解等方式，向广大群众宣传各项惠农保险知识，保障农户有充分的知情权。使国家惠农政策宣传告知到位，做到家喻户晓。根据村民意愿民主选举建立荣合新村损失核定委员会，完善综合农业保险服务体系，做到定损到户、理赔到户，不惜赔、不拖赔，切实提高承保理赔效率。使农业保险政策贯彻落实到位，做到便民惠民。

六、巩固脱贫攻坚成果与乡村振兴的衔接

建立健全荣合新村防止返贫监测和帮扶机制。充分发挥政治优势和制度优势。开展扶贫开发机构和乡村振兴领导机构的联合办公机制，形成脱贫巩固与乡村振兴统一的领导决策机制，统筹推进脱贫巩固与乡村振兴的项目管理、资金使用、监督考核，形成乡村补短板、促发展的合力。最后促进乡村组织振兴，继续以驻村第一书记为着力点，健全驻村第一书记的选人机制和驻村制度，完善乡村基层组织负责人的退出机制，强化驻村第一书记队伍建设。健全脱贫攻坚和乡村振兴相互衔接的"五级书记"一起抓的工作机制，夯实基层组织的责任。

第七章

文旅融合乡村综合体构建的实践及案例

—— 三原县新兴镇焦寅村文旅融合乡村综合体规划

第一节 基本情况

一、振兴基础

焦寅村是陕西省三原县新兴镇下辖的行政村，位于渭北塬畔、嵯峨山旁，三原县县城以北、新兴镇南部，毗邻包茂高速，其距三原县城 13 公里，南邻五爱村，北接张家坳村，西邻嵯峨乡界，东与陵前镇曹氏村隔沟道相望。村域面积 7 065.81 亩。全村有 9 个村民小组，共 412 户 1 612 人，常年外出打工 300 余人。

二、存在问题

❶ 青壮年劳动力减少，农民积极性低

农业生产资料成本不断上升，投入多、收益少导致村民发展农业积极性不高。随着城镇化的发展，农村青壮年人口外出务工现象普遍，且外出务工人员规模不断扩大，实际务农人口多为 60 岁以上老人。

❷ 农业生产效率不高，集约化程度低

焦寅村农业发展方式传统粗放，农业科技水平低，离现代化农业发展有较大差距。突出表现为农业生产以小农户分散经营为主，生产技术规范化、标准化、集约化、规模化、智慧化程度低，不利于机械化耕作、生产和管理。

③ 经营管理水平滞后，乡村人才缺乏

农业经营管理上，焦寅村没有本土企业，仅有1家专业合作社，规模小、科技含量低、辐射带动能力不强。生产经营方式主要为农户小生产分散经营，缺乏懂农业、会管理、善经营的新型职业农民和乡村本土人才。

④ 特色产业优势不显，品牌效应不强

在特色产业的培育与壮大上效果不明显。主要表现在没有形成"一村一业""一村一特色"以及自然资源与产业资源融合不够，特色产业品牌效应不强，没有形成品牌竞争力。

⑤ 农业产业链不完善，产品附加值低

全村没有农产品加工企业，农业生产初加工意识不强。产业体系不够完整，老百姓缺乏农产品加工意识，农产品未得到开发利用，农产品产业链不长、附加值太低。

⑥ 农业基础设施薄弱，发展后劲不足

农田灌溉水利设施和水利工程调蓄能力有限，农业灌溉主要依靠小型机井，管护责任不实，缺乏长效管护机制；村内田间生产道路窄、质量差。农业发展后劲不足，与农业现代化、智慧化对基础设施的发展要求相比，仍有较大差距。

⑦ 乡村旅游拓展不力，景区游客稀少

张家窑生态文化产业园宣传和旅游市场拓展开发不够，经营不善，没有形成有效经营管理。目前游客流量极少、门庭冷落，游客停留时间短，人均消费低，餐饮、娱乐、住宿等旅游收入非常有限，经济效益、社会效益低。

第二节 总体要求

一、指导思想

以习近平新时代中国特色社会主义思想为指导，全面贯彻落实党的十九大和十九届历次全会精神，贯彻《乡村振兴促进法》《黄河流域生态保护和高质量发展规划纲要》和上级关于乡村振兴的重要部署安排，贯彻习近平总书记来陕考察时的重要讲话精神。坚持创新驱动发展，聚焦"产业兴旺、生态宜居、乡风文明、治理有效、生活富裕"的总要求，以推动农业农村高质量发展为主题，以数字乡村建设为契机，加快农业农村现代化步伐，着力推进"五个振兴"，让焦寅村成为宜居宜业宜游的美丽家园。

二、规划原则

❶ 坚持党的核心领导

毫不动摇坚持党对农村的管理和领导，坚持加强和改善基层党委对农村工作的领导，确保党在农业农村工作中始终总揽全局、协调各方，为乡村振兴提供强有力的政治保障。通过政府引导、市场调节、社会参与的工作机制，集中精力、统筹资源、凝聚合力，充分调动社会资源，加快推进乡村振兴。

❷ 坚持村民参与原则

坚持以农民为中心，充分尊重农民在乡村振兴战略规划编制过程中的主体地位和现实意愿，把农民利益放在第一位。坚持"议"字当先，畅通农民参与渠道、提高农民参与能力，让农民有序参与到规划编制和实施的整个过程中，既保障农民的切身利益又确保规划的民主性、科学性、前瞻性和可操作性。

❸ 坚持农业农村优先

把乡村振兴作为当前农业农村发展的头等大事，协调各方做到认识统一、步调一致。深化对农业多重功能、农民多重属性、农村多重价值的认知，突出干部、要素、资金、公共服务"四个优先"，推动人才向乡村一线聚集、公共服务向乡村延伸、财政投入向乡村倾斜，强化乡村规划引领，加快农村改革步伐，落实"三权"分置、农村集体产权制度改革等政策，保障农民土地权益，激活农村"沉睡"资产资源。

❹ 坚持绿色可持续发展

坚持绿水青山就是金山银山理念，坚持节约优先、保护优先为主。持续推进化肥农药减量增效、农村生产方式绿色转型，推广农作物病虫害绿色防控产品和技术，加强畜禽粪污资源化利用。扎实有效推进农村人居环境整治提升行动。坚决守住保护和发展两条底线，筑牢生态安全防线，实施绿色振兴，实现生态保护和乡村振兴同步。

⑤ 坚持乡村全面振兴

紧紧围绕产业兴旺、生态宜居、乡风文明、治理有效、生活富裕的总要求，聚焦农业农村现代化和三产融合发展，突出宜居乡村建设，传承保护乡村文化、培育文明乡风、良好家风、淳朴民风，强化乡村人才支撑，增强乡村治理能力，协调推进产业、人才、文化、生态、组织全面振兴，推动农业全面升级、农村全面进步、农民全面发展。

三、规划定位

① 上位规划解读

《咸阳市三原县城乡一体化建设规划（2010—2025）》把新兴镇划分为南塬林果旅游经济区，职能为服务型乡镇，以果菜等农业产业为主，积极发展乡村旅游业的一般农贸镇；焦寅村划分为基层村，产业类型主要以粮食、大葱、设施蔬菜生产和乡村旅游为主。

② 发展重点指引

依托焦寅村自然生态风光、农业资源，根据三原县和新兴镇整体发展规划，结合村庄未来发展趋势，按照"生态民俗红色教育文化旅游＋智慧农业示范"的产业模式，着力打造焦寅村产业发展新格局，最终将焦寅村打造成产业兴、生态美、百姓富的宜居宜业宜游生态宜居乡村典范、智慧农业样板村和渭北红色教育旅游度假目的地。

四、规划目标

① 近期目标

到 2025 年，乡村布局建设基本完成，种植业与文旅产业融合发展；基础设施进一步完善、人居环境有效改善，乡村更加美丽宜居；农业绿色发展水平进一步提升；民俗文化得以挖掘保护；乡村治理体系和治理能力明显改善提升。

② 远期目标

到 2035 年，各项建设全面完成，现代农业产业体系基本构建，农旅、文旅产业深度融合，社会文明程度全面提升，优秀文化得到传承和发展，乡村治理能力和治理水平显著提高。全村整体实现产业兴、乡村美、农民富的目标，实现农业农村现代化。表7-1为规划主要指标表。

表7-1　规划主要指标表

分类	序号	主要指标	单位	2021年基期值	2025年目标值	属性
产业兴旺	1	粮食综合生产能力	吨	3 000	3 500	约束性
	2	农业科技推广投入	万元	/	20	预期性
	3	农产品加工产值与农业总产值比	%	/	80	预期性
	4	休闲农业和乡村旅游接待人次	人	200	2 000	预期性
生态宜居	5	村庄绿化覆盖率	%	60	80	预期性
	6	生活垃圾是否统一收集处理	/	是	是	预期性
	7	生活污水是否随意排放	/	是	否	预期性
	8	废弃宅基地整治率	%	98	100	约束性
	9	农村卫生厕所普及率	%	78	100	预期性
	10	荒坡绿化覆盖率	%	99	100	预期性
乡风文明	11	村民平均受教育程度	/	初中	初中	预期性
	12	有线电视覆盖率	%	98%	100	预期性
	13	农户互联网普及率	%	80%	100	预期性
治理有效	14	村干部中大学生比例	%	10	30	预期性
	15	村民参与一事一议制度比重	%	/	100	预期性
	16	村规民约覆盖率	%	100	100	预期性
	17	村级网格化服务管理覆盖率	%	40	60	预期性
生活富裕	18	农村居民恩格尔系数	%	40	33	预期性
	19	农村居民人均可支配收入增速	%	9	12	预期性
	20	砖混结构人均住房面积	平方米	30	40	预期性
	21	贫困人口发生率	%	0	0	约束性

第三节　重点建设任务

一、乡村空间布局

依托村域现状和未来乡村发展趋势，形成"一心一轴两翼多点"的总体布局。

"一心"：以村委会为依托的乡村综合公共服务中心。

"一轴"：以三新路为依托，发挥村民综合公共服务中心的核心作用，以沿线各个服务网点为节点，构建沿线综合发展轴。

"两翼"：发挥三新路主轴线的辐射带动作用，向东西两侧腹地延伸拓展，提升东西两翼支撑力。西翼以渭北红色教育基地——张家窑生态文化园为依托，大力发展乡村旅游业；东翼以优势蔬菜、中药材种植业为依托，促进交通互联互通，增强全村人口和产业集聚能力，夯实焦寅村的发展基础。

"多点"："一心、一轴、两翼"以外村域发展点的支撑作用，以本村土地资源环境承载力为基础，不断发展优势产业，建设特色乡村，加强与乡村中心的联系与互动，带动全村经济发展。焦寅村村庄综合体空间布局见图 7-1。

图 7-1　焦寅村村庄综合体空间布局

❶ 生产空间布局

按照县、镇土地利用规划，结合拆旧复垦、高标准农田建设工作，明确空间和时序，落实农用地整理工作。规划落实基本农田保护区面积为 187.87 公顷，占土地总面积的 35.76%，一般农地区面积为 228.4 公顷，占土地总面积的 43.49%，规划衔接全域土地综合整治和利用。

❷ 生态空间布局

乡村生态空间是以提供生态产品和生态服务为主要功能的国土空间，包括具有生态功能的林地、河流水面、水库水面和其他草地等地类。具体到本村，主要包括乡村区域内具有生物多样性维护、水土保持、防风固沙等重要生态功能的生态林区域。按照县、镇土地利用规划，合理规划林地 15.3 公顷，占村域面积的 2.3%，推进乡村生态保护修复，优化农村人居环境。

❸ 生活空间布局

依据"精明收缩、集约节约、布局优化"的原则，结合村庄的发展规模需求，合理搬迁不集中的居住点、有效划定村庄建设空间。按照县、镇土地利用规划，全村建设用地 70.3 公顷，占村域面积 13.39%，包括农村宅基地、工业用地、科教文卫用地、空闲地、公用设施用地、公路用地、特殊用地、商业服务业设施用地等地类。

二、乡村聚落空间建设规划

❶ 村容村貌提升

大力实施以"家园美化、道路硬化、村庄绿化、照明亮化、环境净化、色泽彩化、气味香化、保护利用乡土文化"为主要内容的村容村貌提升"八化"工程。突出"八清一改"工作，全域开展村庄清洁行动，积极组织村民以户为单位，聚焦农户乱搭乱建、乱堆乱放、乱拉乱挂、乱贴乱画等"十乱"问题，按照室内"五净"、院内"五无"、家中"五有"基本整治标准，动员村民自己动手，美化家园，保持常态化推进，切实打好春、夏、秋、冬四季村庄清洁"保卫战"。实施墙体立面改造项目，突出旧貌换新颜，坚持先面子、后里子，净化、硬化、绿化、美化、亮化一起抓（图 7-2）。

❷ 乡村基础设施建设

（1）乡村生产性基础设施建设。加强以农田水利为中心的农田水利配套工程建设，以及蓄水保墒措施、节水技术的应用，统筹推进农田节水灌溉水网建设，兴修农田节水灌溉水网、灌溉渠道、机井等农田水利设施，实施生产道路扩建、硬化等生产性基础设施建设（图 7-3）。

（2）乡村生活性基础设施建设。改造提升全村主干道、巷道等村庄道路。

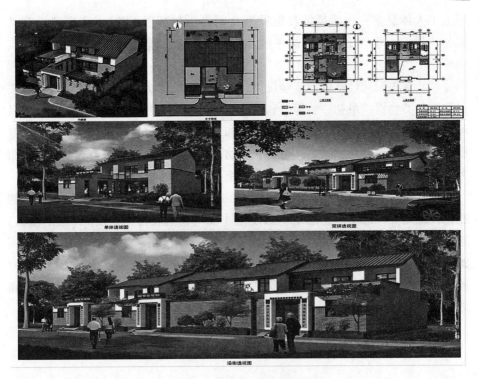

图 7-2　村庄风貌管控

图 7-3　乡村生产性基础设施

建设乡村生活污水处理厂，加强清洁能源设施建设、铺设全村天然气管道，建设乡村停车场，安装路灯亮化村庄及相关配套设施等。

❸ 乡村社会服务设施建设

（1）乡村服务性基础设施建设。建设"三功一体"项目（公共卫生间、环卫工人休息室、生活垃圾收集屋等合而为一的环卫设施），实施建设公共服务"门前十小"工程，增加乡村公共服务阵地，增建 1 处文化娱乐活动广场等。

（2）乡村流通性基础设施建设。建设乡村物流服务点，为广大群众提供农村物流各类物资"最初一公里"和"最后一公里"有序集散和高效配送，以及电商、快递等各类物流信息的及时采集和发布服务，降低城乡流通费用，让基层群众获得交通运输幸福感。包括农村物流点、冷库、农资销售、乡村种子服务站、农药化肥服务站等及相关配套设施。

（3）数字乡村基础设施建设。加强乡村公共服务、社会治理等数字化、智能化设施建设。推动信息通信基础设施建设，包括农村宽带及 5G 网络覆盖。建设具有展示功能的乡村中央信息展示平台，重点展示全村基本信息，农业资源利用、农业生产精细化管理、生产养殖环境监控、农产品质量安全与产品溯源等。在村内重要节点安装视频监控，切实提高视频监控数量和覆盖率，提高数字乡村治理水平。

三、产业提质增效规划

根据焦寅村产业发展现状和未来发展趋势，构建以确保粮食安全为基础产业，以农产品加工、脱毒种苗繁育为辅助产业，以优势大葱、设施蔬菜、中药材种植为主导产业，以乡村旅游为特色产业的"1＋2＋3＋1"的"一基、二辅、三主、一特色"三产融合产业体系（图 7-4）。

❶ 现代粮食产业发展规划

（1）标准化麦玉粮食绿色高效超吨生产基地。根据全村整体产业布局，在位置相对集中、适合机械化作业的粮食生产区建设 2 000 亩高标准农田。实施小麦玉米绿色高效超吨栽培技术。小麦玉米绿色高效超吨栽培技术以提高单产和总产为目的，提高小麦播种质量和玉米保苗密度；以小麦优质专用、高产抗病，玉米早熟耐密、抗病抗倒为重点，改换生产品种；以培肥地力、节水、节药、节肥为重点，改良耕层结构；以全程机械化、生产规模化为重点，改变生产方式。大力推行药剂拌种，防控地下害虫和土传病害；全面实行"一喷多效"绿色防控，预防生育期重要病虫草害的"两提三改两防"技术路线，实现粮食生产绿色化、优质化、机械化、集约化、规模化。小麦选用丰产潜力大（产量潜力 500 千克/亩以上）、综合抗性强、品质优良的专用型中强筋或强筋

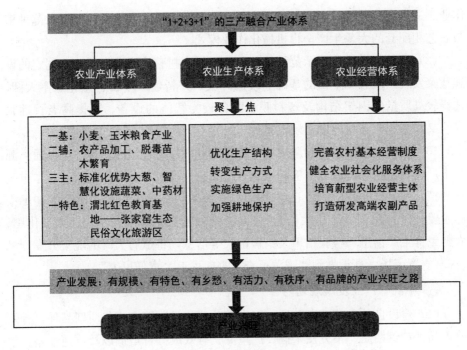

图 7-4　产业体系

品种，如：伟隆 169、西农 511、中麦 895、西农 585 等。玉米选用早熟、丰产潜力大（产量潜力 700 千克/亩以上）、耐密、抗旱、抗倒伏、抗病品种，如：陕单 650、陕单 620 等。

（2）优质红薯生产基地。根据全村整体产业布局，依托高标准农田建设，在粮食生产区南部建立 800 亩优质红薯生产基地。按照三产融合发展理念，以红薯种植与红薯加工结合的模式，推动红薯高效生产、延长红薯产业链、促进农民增收。

（3）建设粮食精深加工厂。按照三产融合理念，支持个人或集体发展农产品加工业，延伸产业链条，促进农民增收。在高标准厂房区建设粮食加工厂，促进粮食深加工，开发加工特色小麦玉米红薯产品，如面粉加工、玉米胚芽油、红薯粉条、薯片、红薯面粉、红薯干等，实现小麦、玉米、红薯产业链的延伸，增加产品附加值。创新模式和业态，利用信息技术培育现代加工新模式，促进农产品精细化加工、品牌化发展。

② 蔬菜产业发展规划内容

（1）优势大葱产销基地。在划定的全村土壤肥沃、排灌方便、适合机械化作业、适宜大葱种植的中北部建设 1 500 亩优势大葱生产基地，实行示范种植与农艺相配套的大葱生产全程机械化作业模式。

（2）智慧化设施蔬菜示范种植基地。根据全村整体产业布局，在划定的设施蔬菜发展区现有 160 亩的基础上改造升级，并新建 340 亩智慧化温室大棚，选择较高质量的钢架结构及塑料膜，配备较为智能的设备，既提高老百姓收入，又作为三原县智慧农业示范基地。

（3）高精端蔬菜流通溯源中心。依托高标准厂房建设高精端蔬菜流通溯源加工厂，建设蔬菜流通环节追溯系统。蔬菜流通环节可分为：供应商（本村蔬菜种植）→批发商→配送中心/农贸市场→终端店→消费者。蔬菜溯源加工中心主要任务：蔬菜赋码（大码），并采集记录溯源信息，包括：产地、化肥、农药量等生产信息，检验结果及销售记录等信息，将赋有大码的蔬菜分发到批发商/农贸市场，真正做到"来源可查、去向可追、责任可究"。

❸ 中药材产业发展规划内容

（1）建设良种种苗繁育基地。引进"北花一号"等高产优质新品种，有效改善品种花蕾期短、不方便采摘、产量低、有效成分含量低以及抗逆性差、生长态势弱等弊端，保证种苗质量，降低生产成本。

（2）标准化示范种植基地。选择土层深厚、土壤肥沃、疏松、透气、排水良好、背风向阳等自然条件适合金银花生长的地方，主要以产值较低的大田种植和劳动力充足的荒地为主，通过试验示范引领农户或种植大户进行新品种示范推广，扩大种植面积，建成 1 000 亩标准化中药材种植基地。

（3）金银花初加工厂建设。依托现有高标准厂房建设金银花烘干加工厂房，配置金银花烘干等设备，采用机械杀青、烘烤等先进技术，克服天气影响和晾晒场地限制，充分利用产品质量和区域优势，做好金银花产业的初加工，提高产品附加值，延长金银花产业链条。

❹ 脱毒种苗繁育与示范种植基地发展规划内容

（1）扩建提升种苗繁育基地。按照规模化、集约化生产示范的要求，加快名、优、特、新种苗的繁育，扩建种苗繁育基地至 500 亩。选择适宜的砧穗组合，培育无病毒优良品种，保证果树苗木的质量与纯度，提升果树苗木质量。通过升级改造，有效提升种苗繁育基地科技化、工厂化、信息化水平。

（2）农业科技示范基地提升工程。突出农业科技示范推广功能，坚持目标导向、自主创新、产学研合作、协同推广，实施小管出流、重力滴灌、涌泉灌系统的维护工程，主要包括基地废旧管道更换工程、电气工程、设备集成工程等。

⑤ 乡村特色生态文化旅游产业发展规划

（1）重塑景区入口。景区入口是景区序列开始的标志和引导段的起始，又是缓冲与回味的空间，恰如其分的入口空间和所见所闻常能带动游客进入"角色"，引起兴奋、期待、好奇等情绪。张家窑生态民俗文化旅游园景区应突出景区关中地窖民俗、红色教育等主题特色，通过提炼景区中最具特色的关中文化元素和文化特征，将传统与现代、外来与本地、乡土与时代进行结合，传达景区的主题意境。

（2）改建知青历史文化陈列区。以现有知青大院为依托，通过还原改造当年团干部、知青住所，复建知青食堂等，对原有知青点资源进行艺术改造，挖掘知青文化，主打怀旧、体验、研学和亲子四大核心概念，致力于打造集知青生活场景还原、知青参宿体验、知青亲子拓展为一体的综合性经典园区。

（3）创作民俗文化产品。利用现有村落格局及居民建筑，打造或引进具有三原特色的民间艺术展品。加强民俗文化、民间工艺品创作，如传统凳子、桌椅等的设计加工，打造民俗歌舞客与村民形成互动体验。同时可引进地方戏，借助平台同时展现。

（4）建设新时代知青农场。休闲观光区。综合考虑乔化、矮化、藤本和草本果树的有机结合，进行立体设计，如猕猴桃、葡萄棚架，草莓盆栽、短枝矮化桃树、果树盆景、樱桃、油桃，食用、文玩核桃等组合，配以草坪、观赏花木，休息场所提供自产的各种鲜水果汁、汤，再喂养一些小动物，尽力营造休闲、自然、和谐的环境。

生产采摘区。以樱桃、草莓、苹果、油桃、核桃、葡萄、梨、火龙果等可采摘水果以及花青素含量高的紫玉米为元素，精心选配品种，规划不同品种不同成熟期的鲜食品种，突出早熟、中熟、晚熟不同品种的合理搭配，尽量拉长可采果时间，努力做到不同时期都有鲜食品种可供采摘。同时，种植粮食作物紫玉米，紫玉米含有大量的花青素，花青素具有抗氧化和抗癌作用，紫玉米穗轴、包叶、玉米须的花青素含量较玉米籽粒高，籽粒可供食用，穗轴、包叶、玉米须进行精提取，做成饮料或入药，也可以直接泡水成为饮品，或加工成高端健康饮料，国外已种植并加工成日益受青睐的饮料。园区建设中要注意加大行距，减小分枝角度，方便机械化管理和游客采摘。

农事体验区。将传统农事生产、农（机）具使用、丰收采摘等设计为兼具趣味性、体验性、适应性、安全性的体验项目，包括作物种类辨识、耕作播种、田间除草、施肥灌溉、病虫防治、收获收割等。这将极大地丰富、充实和发展乡村旅游的内容，通过农业生产体验农耕文明，传统的以及现代的农业生产过程能对生活于城市和异乡的各年龄段游客产生极大的吸引力。也可以让参观者认领一块土地，采用传统的农业生产过程、农业设备与设施，亲自种植品种优良的果蔬，来体验传统农业的乡土气息、原始风貌，满足游客的怀旧心理，提高对农耕文化的认识、带来更大的经济效应。

四、乡村文化建设内容

❶ 推进"道德讲堂"建设

按照"十有"（有场地、有牌子、有标识、有设施、有专班、有队伍、有计划、有制度、有活动、有档案）要求，积极推进焦寅村"道德讲堂"规范化建设，在全村范围内大力推进道德模范身边好人推评工作，按照践行社会主义核心价值观，加强社会公德、职业道德、家庭美德、个人品德为重要内容做好道德模范推评选工作，按照助人为乐、见义勇为、诚实守信、敬业奉献、尊老爱亲五类积极开展好身边好人推荐评选工作。

❷ 加强文明乡风建设

成立焦寅村红白理事会，选举居民轮换参加。设立乡风文明榜，形成奖惩机制。修订完善村规民约，建立常态化监督机制，发布"善举榜""好人榜""红黑榜"等。深化婚丧嫁娶陋习整治，加大宣传力度，推行生态殡葬改革，遏制封建迷信活动，杜绝大操大办现象。在三新路两侧、巷道内积极建设文化文明专栏，以国画、漫画、谚语、顺口溜等多种艺术形式，充分对外展示文明乡风礼仪、中华传统美德、社会主义核心价值观，以及焦寅村民风民俗、婚育新风、科普知识等内容。

❸ 加强关中民俗文化保护与传承

张家窑生态文化园作为三原县重点开发打造的旅游项目，其独具特色，特别是旱腰带土窑、关中民宅建筑以及现存的农耕文化和佛家文化、民间书法、中国红拳武术展示和保存完整的革命旧址等构成了焦寅村特有的生态文化和红色教育文化，应加以保护与传承。

五、乡村生态建设内容

❶ 山水林田湖草生态保护和修复

（1）林区生态保育。大力推广集流节水工程技术，高效利用降水；通过拦蓄降水、降水高效叠加利用和覆盖保墒等措施，实现坡耕地水资源的平衡利用，以达到生态建设可持续发展的目的；在山坡面栽植油松、侧柏、杨树、柳树等树种，将工程和生物措施相结合，建设水土保持林，改善生态和景观面貌。加强对管护人员的专业培训和管理人力投入，完善相关的政策法规巩固退耕成果、促进替代产业发展。

（2）荒坡耕地修复治理。对规划区内的荒坡耕地，坚持资源化利用和修复治理为主，坚持宜种则种，以农业耕作措施为重点，采取等高耕作。可种植经济效益高、生态效益好的金银花，因金银花根系特别发达，主根粗壮，毛细根密如蛛网，其枝繁叶茂，每墩有近万片叶子，郁闭度好，具有强大的护坡、固土、保水和蓄水能力，可有效保护和改善生态环境。

❷ 构建完善农业绿色发展体系

（1）农业面源污染治理。大力实施农业清洁生产。推进农药、化肥的减量增效行动。大力推广高效低毒、低残留、环保型农药以及生物农药，推广应用现代高效植保机械，全面提高农药利用率。推广测土配方施肥技术，全村主要农作物实现测土配方施肥全覆盖，每年为农民免费化验土壤样品。

加快推进有机肥替代化肥。推广以畜禽养殖粪便有机肥处理为主的"沼肥＋配方肥""有机肥＋水肥一体化"模式，构建生态循环农业产业链条。

实施废旧农膜回收试点工程。实施农膜、反光膜回收利用试点工程，采取以旧换新、政府补贴等模式。鼓励种植大户、农民合作社、企业等新型经营主体从事废旧农膜与反光膜的回收与加工，进一步探索废旧农膜、反光膜回收利用的市场化机制。

（2）农林生产废弃物资源化利用。农作物秸秆处理。农作物秸秆处理以还田利用为主，育苗、种植栽培基质利用、秸秆饲料化为辅。秸秆还田主要采用直接粉碎还田、炭化还田和与畜禽粪污混合堆肥后还田三种方式。拓展秸秆饲料化利用途径，大力推广秸秆"三贮一化"（青贮、黄贮、微贮、氨化）技术和秸秆养殖技术。

人畜禽粪污处理。对区域内人畜禽粪污逐步实现畜禽粪污减量化、无害化、资源化处理。主要采用"种养结合、农牧循环"模式，将人畜禽粪便作为有机肥就地消纳还田。

废弃枝叶利用。绿化树、果园、金银花修剪后的废弃枝叶收集后以颗粒成型燃料和快速热解技术转化利用为主，以栽培基质利用和干馏制备商品炭利用为辅。

❸ 推进美丽宜居乡村建设

（1）持续改善农村人居环境。分类有序推进农村厕所革命，加快推进改厕实施和落地，实行人畜粪污资源化利用。统筹农村改厕和污水、黑臭水体治理，因地制宜建设污水处理设施。健全农村生活垃圾收运处置体系，发挥好已有的智能高效防臭堆肥房作用，推进厨余垃圾源头分类减量、资源化处理利用，建设一批有机废弃物综合处置利用设施。完善村规民约，建立健全文明新风积分激励制度，将维护村容村貌纳入奖励内容，开展美丽宜居村庄和美丽庭院示范创建活动，进一步提升村民自觉性和主动性。

（2）污水处理厂建设方案。优先选用可以广泛应用于一切生活及工业废水的生物处理模式。其主要特点是对城市及乡村生活废水、畜禽养殖及屠宰废水、工业园区综合废水处理均有显著效果。

第四节　实施计划与保障措施

一、实施计划

实施乡村产业振兴战略是一项系统工程，本规划方案的实施划分为三个阶段进行。各阶段的建设任务具体如下：

❶ 第一阶段：基础夯实阶段（2021—2022 年）

按照边建设边生产的原则，扎实开展产业项目建设，持续深化农村人居环境整治（农村生活垃圾、厕所粪污、生活污水和村容村貌，以及村庄规划管理），并从农村其他公共设施项目安排入手，适当安排一些有利于农业产业发展生产和农民生活的建设项目，并进行重点项目年度进度安排。

❷ 第二阶段：提档升级阶段（2022—2023 年）

以 2022 年的预期目标为基础，加大对农业产业提档升级、农户生态宜居、文化传承的项目安排，特别是在设施蔬菜基地和中药材产业基地改造建设上花大力气，实现产业振兴取得重大突破，全村基本实现农业农村现代化。

③ 第三阶段：全面振兴阶段（2024—2025 年）

乡村规划建设完成，以大葱、设施蔬菜、金银花连翘特色种植为主的种植业提质增效，张家窑生态文化园区特色旅游全面成熟运行，种植业与文旅产业融合发展；基础设施进一步完善、人居环境有效改善，乡村更加美丽宜居；农业绿色发展水平进一步提升；民俗文化得以挖掘保护；乡村治理体系和治理能力明显改善提升。

二、保障措施

① 强化组织领导

坚持党对农业农村工作的绝对领导，成立实施乡村振兴战略的工作专班，负责协调解决规划实施过程中的重大问题，抓好规划落实。坚持乡村振兴重大事项、重要问题、重要工作由党组织讨论决定的机制，压实村两委班子落实乡村振兴工作的责任，落实党政一把手是第一责任人、五级书记抓乡村振兴的工作要求。充分发挥村级党组织的战斗堡垒作用和党员先锋模范作用，带领群众投身乡村振兴伟大事业。加强各类规划的统筹管理和系统衔接，形成城乡融合、区域一体、多规合一的规划体系。

② 加强人才培养

把培养更多爱农业、懂技术、善经营的基层村干部和新型职业农民作为重要任务，把培育职业农民作为农业科技示范推广、发展现代农业产业的重要抓手，通过"请进来""派出去"等方式，依托西北农林科技大学等涉农高等院校和各类培训机构，加强村干部、大学生村官、农技人员、合作社负责人和农业经营管理人才的培训，鼓励涉农企业人才参加国家职业资格鉴定，力争培训发展一批会经营、善管理、能致富的新型职业农民。

③ 强化资金保障

建立以财政投入为主，企业、合作社、村集体经济组织和农民等投入为辅的多层次、多形式、多元化的筹融资机制。建立财政稳定增长的投入机制，全面实施行业内涉农资金整合，深度优化行业间涉农资金整合，促进涉农资金依法依规整合。加大财政对乡村公共服务事业的倾斜支持力度，确保财政优先保障乡村振兴,优化支出结构,稳步提高"三农"投入在公共财政支出结构中的比重。综合运用财政、金融、税收等手段,加强金融生态建设、完善农村金融服务组织体系、健全农业信贷担保体系,引导和撬动更多金融资本和社会资本助力乡村振兴发展。

❹ 壮大村集体经济

用好、用足农村综合改革、精准扶贫、美丽乡村建设等政策,增加集体收入,以党建引领产业充盈发展,把党的组织优势转化为乡村振兴优势,激励鼓励村干部带头发展壮大村级集体经济,探索村干部待遇与集体经济挂钩的激励机制。探索资产盘活、资源开发、生产服务、项目带动、多元合作等模式,全面激活村集体经济。探索村集体资产入股参与农村新业态发展,拓宽集体经济发展途径;成立村集体经济组织,按照"企业＋村集体经济组织＋合作社＋农户"的模式,实现农户、村集体、市场经营主体等各方优势资源有效整合,提高农产品的市场化程度。建立企业、村集体经济组织与农户利益联结机制,促进集体资产保值、增值的实现以及大市场与小农户的紧密连接,做大做强特色农业产业,推动焦寅村村集体经济的发展。完善村集体资产管理平台,健全交易、监管、收益分配制度,加强集体资产监管,不断发展壮大村集体经济。

❺ 保障农户利益

充分保障农民在乡村振兴规划编制过程中的知情权、参与权,突出保障农户利益;处理好发展农业规模化经营和扶持小农户生产间的关系,引导农户依法转包、出租、互换、转让、入股等方式流转土地,推动小农户分散经营向多元主体合作经营转变;鼓励新型农业经营主体与小农户建立契约型、股权型利益联接机制。推广"订单收购＋分红""土地流转＋劳务＋社保""农民入股＋保底收益"等方式,与农户建立紧密型利益联结机制。加强对工商企业租赁农户承包地的用途监管和风险防范,健全资格审查、项目审核、风险保障金制度,维护保障农户利益。

❻ 巩固拓展脱贫攻坚成果同乡村振兴有效衔接

严格要求落实现有帮扶政策。按照 5 年衔接过渡期要求,压实"五级书记"抓的责任,严格落实"四个不摘"要求,继续实施现有帮扶政策,特别是医疗资助、义务教育等政策,确保帮扶力度不减、责任不松、队伍不撤,帮扶政策总体稳定。健全防止返贫动态监测和帮扶机制,加强和规范动态监管与评估，坚持预防性措施和事后帮扶相结合，深化开展脱贫户监测评估，重点监测排查退出贫困户家庭收支、"两不愁三保障"等情况，逐户分析贫困户收入结构，保障收入持续稳定，保障住房和饮水安全。拓展完善监测预警工作体系，完善"市县镇村＋行业部门"的监测预警工作体系，畅通"农户申请、村组走访排查、行业部门监测预警、媒体监督反馈、大数据监测"5 条监测预警渠道，通过大数据平台分析及时排查防返贫风险、化解风险。

第八章

乡村旅游型乡村综合体
构建的实践及案例

——三原县嵯峨镇天井岸村乡村综合体建设规划

第一节 基本情况

一、振兴基础

天井岸村位于陕西省三原县嵯峨镇，东经 108°52′56.67″，北纬34°42′33.17″。东与嵯峨镇区隔清峪河相望、西北与三社村交界、南临泾阳县龙泉乡龙泉公社。村委会海拔约 600 米，整体地势西高东低，北高南低。距县城 15 公里，距嵯峨镇人民政府驻地 5 公里。

天井岸村包括 7 个自然村，11 个村民小组，516 户，2 019 人，村组干部 7 人，全村党员 50 名，低保户 39 户 128 人。村庄全域自西向东为原槐树坡村，现 7、8、9 组，共 685 人；原冯家坡村，现 10、11 组，共 349 人；原天井岸村，现 1、2、5、6 组，共 593 人；原狼沟村，现 3、4 组，共 392 人。

二、存在问题

天井岸村现阶段发展是以第一产业和第三产业为主，种植地块较为分散，基本都是小户零散种植，种植面积小、产量少、质量低；种植技术老旧、机械化程度低；村中劳动力短缺，空心化严重。

第三产业是以天齐山庄为主带动周围旅游景点。历史文化景点大多没有深度开发，难以吸引游客；各景点之间距离较远，联系较少，没有形成完善的旅游路线；旅游交通设施建设和旅游配套基础设施不完善。

天井岸村位于塬坡地带，整体地势西北高，东南低。村内沟坡地带水土流失现象严重，植被覆盖较少。坡耕地以梯田为主，缺乏更有效的水土保持措施。畜禽粪污未能充分利用，种植业秸秆废弃物利用方式单一。

文化发展方面，村民娱乐活动较少，文化广场距离东部村民小组较远，村广场健身器材未能得到充分利用。历史文化遗迹存在一定程度破坏，均未采取有效保护措施。

缺少污水处理设施和封闭收集管网、生活垃圾收集转运站，无害化卫生厕所推进到最后阶段，部分村民生活用能仍通过烧煤获取。受地形限制，田间生产道路未硬化完毕，水利设施尚不能满足全部耕地的足量用水，蔬菜大棚棚体简陋，结构简单。

公共服务设施除卫生室外利用率不高，无养老院、文化活动室、图书室等设施，缺少菜鸟驿站、网商店铺，公共厕所不足以满足村庄发展需求。

第二节 总体要求

一、指导思想

以习近平新时代中国特色社会主义思想为指导，全面贯彻落实党的十九大及十九届二中、三中、四中、五中全会精神，深入学习习近平总书记来陕考察重要指示，加强党对"三农"工作的领导，坚持新发展理念，落实高质量发展要求，统筹推进"五位一体"总体布局，协调推进"四个全面"战略布局，坚持农业农村优先发展，坚持把解决好"三农"问题作为全党工作的重中之重，按照"产业兴旺、生态宜居、乡风文明、治理有效、生活富裕"的总要求，以融入西安为中心的大城市主轴带为起点，抢占主动融入县域北部城镇发展群、打造县域西部旅游带起点站的发展机遇。结合村内县域的自然与文化资源，以夯实粮食生产为基础，以挖掘文化遗址为切入，以千亩油菜花海、天齐山庄为三产融合的节点，以发展农旅融合的生态旅游产业为核心，打造龙头企业带动下的三产融合型乡村旅游样板村，引领乡村全面振兴。

二、规划原则

（1）党建引领，广泛参与。村级层面落实五级书记抓乡村振兴，做好各项政策的落地实施工作。发挥村中 50 名党员积极带头作用，选优配强"两委"班子人员。广泛调动村民对村庄建设的积极性，发展村民在村庄规划、布局及建设中的主动性和创造性作用。

（2）生态优先，共融共生。整体上对乡村的生态、生活、生产问题进行实践探索，以保护生态环境为前提，体现人与自然的和谐共生。

（3）延续风貌，彰显特色。梳理保护村域内原有景观格局、历史遗迹、聚落风貌，延续村庄肌理与空间形态特征，充分考虑地形地貌，适当兼顾民风民俗，展现村庄的个性和自身特色。

（4）因地制宜，合理定位。立足村内实际情况，因地制宜发展民俗、乡村旅游，坚持宜农则农、宜游则游、深入挖掘与传承村庄文化资源，引导乡村旅游业发展，带动区域整体发展。

（5）科学布局，适当超前。把满足村民的生活、生产和发展需求作为规划的出发点，依据全村区位、地形地貌、资源禀赋、地质状况等条件，优化村庄的基础设施及公共服务设施布局。

（6）统筹规划，全面振兴。统筹推进产业、人才、文化、生态、组织五大振兴，以产业为基石、人才为关键、文化赋内涵、生态为根本、组织做保障，坚持乡村全面振兴。

三、规划定位

1 上位规划解读

《咸阳市城市总体规划（2011—2030）》提出"一带、双核、三轴"的城镇空间发展结构，三原位于中部城镇发展轴上。其中嵯峨镇天井岸靠近地质灾害区，生态环境脆弱，提出按照自然恢复为主的原则开展土地整治和保护工程，提高退化土地生态系统的自我修复能力，遏制土地生态环境恶化趋势。同时属于唐帝陵大遗址保护范围，历史遗存丰富，按照相关条例进行保护。《三原县县域村庄布局规划（2020—2035）》提出在天井岸建设新型农村社区中心，并将其纳入县域西部旅游带、历史文化核心保护区建设，将天井岸划分为历史文化遗存的传统村落。也提出了塬上发展林业种植的方向，为村庄种植业发展奠定基础。

❷ 发展重点指引

在综合研判《咸阳市城市总体规划（2011—2030）》《三原县县域村庄布局规划（2020—2035）》基础上，针对上位规划对天井岸村提出的村庄定位及区位优势，综合考虑全村发展水平及未来发展方向。充分发挥村庄现有优势，挖掘并整合村庄历史文化资源、民俗文化资源，有序推进塬坡地带生态保护与修复。党建引领、人才振兴，充分发挥村民主体力量。以种植业为基础，旅游业为主干，各项旅游产品开发为枝叶；以乡村旅游样板村为主导，建设生态宜居、风景秀丽、产业强劲、村民富裕的美丽天井岸，创建集生态观光和文化体验于一体的新型旅游村落，打造渭北旱塬上乡村振兴样板工程。

经过五年的建设，将天井岸村建设成为县域西部旅游发展带起点站，打造龙头企业带动下的三产融合型乡村振兴生态文化旅游示范村，建设全省乃至全国乡村振兴样板村。

四、规划目标

总体目标：在规划实施期结束，构建以种植业、养殖业和乡村旅游为主的产业体系，以现代绿色发展理念为指引，以智慧农业生产为主要手段，提高农业生产体系；利用现代"互联网＋"的手段，构建完善的经营体系；基本达到产业特色明显、乡村宜居宜业、居民生活富裕，乡村治理有效的目标。

近期目标：到2025年，各项基础设施建设基本完善，村民居住水平显著提高，村庄环境明显改善。基本形成以生态观光、历史文化体验为主的农旅结合产业体系；以沟坡地水土保持为主的生态治理格局基本形成；乡村文化不断繁荣，历史文化资源挖掘取得阶段性进展。

远期目标：到2035年，天井岸村大力发展休闲农业和乡村旅游，致力把天井岸村打造成以旅游为主导产业的特色旅游村庄、休闲旅游样板村和集五帝祠、天齐山庄、薰衣草庄园、甲邑酒庄、天井岸油菜花田等功能于一体的AAAA级中国旅游度假区。表8-1为规划主要指标表。

表 8-1　规划主要指标表

分类	序号	主要指标	单位	2021年基期值	2025年目标值	属性
产业兴旺	1	粮食综合生产能力	吨	1 500	2 000	约束性
	2	农业科技推广投入	元	/	20	预期性
	3	从事农业收入占比	%	80	50	预期性
	4	休闲农业和乡村旅游接待人次	万人	/	2	预期性
	5	种植业（花椒、油菜、草莓等）	万亩	2 300	3 300	预期性
生态宜居	6	村庄绿化覆盖率	%	/	60	预期性
	7	生活垃圾是否统一收集处理	%	是	是	预期性
	8	生活污水是否随意排放	%	是	否	预期性
	9	废弃宅基地整治率	%	98	100	约束性
	10	农村卫生厕所普及率	%	90	100	预期性
乡风文明	11	村民平均受教育程度	/	初中	初中	预期性
	12	有线电视覆盖率	%	95	100	预期性
	13	农户互联网普及率	%	80	100	预期性
治理有效	14	村干部中大学生比例	%	/	50	预期性
	15	村民参与"一事一议"制度比重	%	/	100	预期性
	16	村规民约覆盖率	%	100	100	预期性
	17	村级网格化服务管理覆盖率	%	40	60	预期性
生活富裕	18	农村居民恩格尔系数	%	40	33	预期性
	19	农村居民人均可支配收入增速	%	9.01	12	预期性
	20	砖混结构人均住房面积	平方米	20	30	预期性
	21	贫困人口发生率	%	0	0	约束性

第三节　重点建设任务

一、乡村建设规划

1 村庄空间总体布局

（1）生产空间布局。生产空间主要包括东部小麦种植区 2 500 亩、东南蔬菜大棚区 300 亩、中部油菜种植区 1 500 亩、薰衣草种植区 500 亩、西部花椒种植区 1 000 亩。

（2）生态空间。生态空间主要包括土地利用规划中自然保留区及林业用地区，共计 103 亩。

（3）生活空间。现有村民居住区面积基本维持不变，按照中心村标准建设基础设施与公共服务设施，对农户房屋整体改造，天井壕北部 1、2 组，村北、村西主干道沿线按照自愿原则改造 100 户农家乐。各组小养殖户做好养殖区与家庭生活区的隔离，保证村民生活质量。总体空间布局见图 8-1。

图 8-1　总体空间布局

2 村庄建筑风貌管控设计

在重点景区、山脚等观景视野好的区域，计划动员农户打造传统民宿、农家乐，响应发展旅游观光业的号召，从事服务业。配备大面积庭院、二楼住宿、观景平台，池塘等设施，可满足游客休憩、停车、食宿、观景等需求。采用模块化设计，适用于不同区域不同风格的农居改造，整体建设周期快。

❸ 基础设施建设的内容

完善对外交通道路建设，村庄生产路全部硬化，进村主干道和村内道路实现绿化覆盖；自来水普及率达到 100%，并配置完善的排水设施，管网末端建成两个高效藻类塘；进一步提高供电安全水平，满足产业发展需求；完善电信服务设施，电信网覆盖率达到 100%；村内设置中型垃圾中转站，同时在重要节点附近设置公厕；推广清洁能源的利用，鼓励农户建设太阳能发电设备、利用沼气；建立防卫防灾安全系统，配套一个监控指挥中心。

❹ 乡村服务设施建设内容

根据《陕西省农村村庄建设规划导则》，在全村建设礼堂、治安联防站、养老院、文化活动中心（服务内容包括老人、儿童活动中心，农民培训中心）、快递服务中心、电商店铺等设施。整治村庄公共空间。村庄集中清理乱堆乱放，拆除废旧棚房，落实农村建房"一户一宅"和"建新拆旧"政策。

二、产业提质增效规划

优化产业空间布局，严格落实产业用地提质增效、集约发展，合理规划种植区域、旅游景点；创新产业组织，筛选种植品种、强化种植技术，延伸整个产业链，提高质量和效益；农业产业化龙头企业天齐山庄带动周围农户一体化发展，设计旅游路线、旅游景点等构建紧密联系机制，推动一三产融合；按照"有标采标、无标创标、全程贯标"要求，实施质量兴农、绿色兴农；明晰村民主体地位，健全乡村政务信息公开机制，健全完善政策体系，重构乡村公共产品供给机制，建立民主监督机制、农村等级监督机制。图 8-2 为产业发展布局图。

❶ 吨良田高效种植内容

（1）耕地地力保育与高标准农田建设工程。全村小麦玉米采用轮作方式种植，用地养地相结合，均衡利用土壤养分，有效地防治病、虫、草害，有效地改善土壤的理化性状，调节土壤肥力。大力推进高产稳产。通过土地整治、农业综合开发新增千亿斤粮食生产能力，规划田间工程建设、农田水利建设、土壤改良等方式，采取多种措施，完善田间配套设施，不断夯实农业生产的物质基础。加快高标准农田和水利设施建设进度。

（2）粮食生产全程机械化工程。把握现代智慧农作技术发展机遇，加快构

图 8-2　产业发展布局图

建农机装备协同创新体系和高效机械化生产体系，提高粮食生产全程机械化水平、病虫害监测和防控的智慧化水平，构建智慧农业生产体系。

（3）良种引进与示范推广工程。根据天井岸村的地力、光温条件、耕作习惯、灌溉条件及管理水平等因素，选择稳产、抗逆、适宜机械化等特性，对现有小麦、玉米优良品种进行筛查。

小麦品种：以抗旱优质的普冰151、西农805、伟隆169、西农059、铜麦6号等品种为主。

玉米品种：以适宜于机械化收获的品种陕单650为主。

❷ 花椒产业规划内容

（1）高标准花椒生产基地建设。大力组织示范田地，开展规范化培训和宣传咨询活动，组织标准化生产：全面提升标准化生产花椒的水平，建立示范基地，推进花椒种植基地标准化生产，推广应用新型技术，进一步提升花椒品质。同时，配套建设土地平整工程、灌溉与排水工程、田间道路工程等。

（2）优质花椒品种的引进与更新。三原现有花椒品种杂、乱、多，应从外地引进优良品种，如韩城大红袍，选准1～2个作为天井岸村的主打品种，突出重点增总量，加大力度扩规模，通过几年努力，淘汰一批杂弱品种，力争把主栽花椒品种做大做强，在适宜发展的村子西南部扩大主栽品种面积，使其逐步发展成为三原县的重点花椒生产基地。

（3）花椒产品的开发。在花椒基础产品、调味食品的基础上，开发食用、医药、化工、保健等附加值含量高的新产品，加粗加长花椒产业链条。同时，提高花椒综合利用水平，挖掘花椒果皮、壳、叶和枝干资源潜力，实现花椒整枝的综合利用。

（4）花椒新型经营主体建设。紧扣市场需求和流通需求，应用新一代信息技术，健全两个花椒专业交易市场功能。同时，构建"专业市场＋龙头企业＋基地""专业市场＋基地"等多种发展模式，以市场整合基地，促进流通的高效。结合平台建设，适度发展一批产地市场，直接实现产地与消费者的对接。做好花椒的第三方物流，鼓励第三方物流开展具有针对性的花椒物流业务，通过物流实现花椒供应链的整合。

❸ 蔬菜产业规划内容

（1）高标准蔬菜生产基地建设。露地蔬菜的标准化生产基地：依托天井岸村常年蔬菜种植基地优势，在天井岸村东南区域，打造西红柿、芹菜等露地蔬菜生产区，配套建设基地水泥路及电路规划、全自动喷灌及井房、阀井等附属设施。基地实行标准化生产，统一规划、统一技术、统一种苗、统一销售，不施化学肥料，统一使用有机肥、农家肥。

（2）蔬菜品种的规划设计。选取有机高产高效蔬菜品种。品种配置以黄瓜、西红柿、芹菜为主。如黄瓜品种：德瑞特721黄瓜、津冬、强大35；西红柿品种：拉比西红柿、普罗旺斯、马蹄西红柿；芹菜品种：黄心脆芹、长沙大叶香芹、绿色拉利、美国西芹。

（3）蔬菜加工与物流设施。推进农村网络、交通等基础设施的建设，尤其是县城与天井岸村之间及天井岸村与周边农村之间的基础设施建设，增强现代物流与冷链系统等公共服务能力，建立从产地到市场的冷链体系，延长蔬菜特别是优质蔬菜的货架期，提高蔬菜采后增值率。

❹ 油菜产业规划内容

（1）打造千亩油菜基地建设。基地位置及分区：原冯家坡村西侧2 000亩地。

油菜品种：以机械化收获品种陕油28为主导，配置一些观赏油菜。

采取"五有五统一"的油菜基地栽种模式，即要实行统一良种供应、统一肥水管理、统一技术指导、统一病虫防治、统一机械作业的"五统一"技术路线；有明显的示范标志、有完整的技术方案、有行政和技术负责人、有配套扶持措施、有示范观摩活动计划。通过扶持、引导，在基地内实现"六个一"，即"选出一个带头人、培养一批示范户、总结一套高产技术模式、建立一个农民专业合作社、培育一支专业服务队、引入一个龙头企业"，努力构建高产创建活动的长效机制。为菜籽油加工产业夯实基础。

（2）打造油菜花海景观设计。利用观赏油菜多彩的花色、不同的叶色搭配，创造出不同的文字图案，大力发展观光农业。采集地形图，根据地形地貌及当地民俗文化设计图案及文字。再根据效果图颜色搭配，有针对性地选取油菜的花色、株型。在图案形成过程中，可辅以观赏品种搭配、配方施肥、人工摘薹和低温春化、病毒处理、花期整形等措施确保最佳观赏效果。

（3）推动农旅融合发展。延伸旅游产业链，带动乡村旅游和美丽乡村建设，推动旅游业、服务业等第三产业的发展。积极筹划建设农家乐、农家客栈、拍照一条龙、游客服务中心等配套设施，着力发展集住宿、餐饮及其他娱乐项目为一体的乡村文化旅游产业。突出油菜景观带建设，推出油菜花民宿，提升游客住宿和观赏体验。

⑤ 旅游业规划内容

（1）景区设计。

天井壕（一井）。对天井壕周边范围整体绿化、基础设施改造升级。设立景区大门、停车场、服务中心等服务设施。周边农户按照自主自愿的原则，计划每户投资 8 万～10 万元进行房屋改造，打造民宿、农家乐 70 余户，解决游客食宿问题，增加村民收入。

设置游客中心广场和游览步道，安装凉亭、座椅、观景台、望远镜、垃圾桶、路灯、路牌、公厕、商店等基础设施，提供充电宝、免费 Wi-Fi、自助查询、文创 DIY 等创新服务。步道直通坑底，坑底仿造古时祭祀坑修建，设置舞台，定时进行西汉时期祭祀表演。将废弃窑洞、地坑院整体加固、维修，再次利用打造成窑洞宾馆、餐厅，对其进行充分利用。为游客提供"导游＋图文＋多媒体"多种选择。

一园。天齐山庄现有设施基本齐全，现有西餐厅、住宿、万亩葡萄园、葡萄酒品尝区、葡萄酒生产线、马术场等设施项目。规划期内计划增添滑草/雪、赛车、射箭、骑马、真人 CS 等娱乐项目，小吃城引进三原县特色小吃。招商引资、联动嵯峨山悟空庙、黄帝铸鼎遗址，加大宣传力度，充分发挥嵯峨山与天井岸生态文化资源优势，初步吸引全省游客前来观光参观。

多点。千亩油菜观光区：利用观赏油菜多彩的花色、不同的叶色搭配，创造出不同的文字图案，大力发展观光农业。采集地形图，根据地形地貌及当地民俗文化设计图案及文字。再根据效果图颜色搭配，有针对性地选取油菜的花色、株型。在图案形成过程中，可辅以观赏品种搭配、配方施肥、人工摘薹和低温春化、病毒处理、花期整形等措施确保最佳观赏效果。

千亩花椒生产基地：打造花椒创意旅游，学习韩城市花椒产业发展模式，积极拓展花椒观光、花椒美食项目。通过带领游客走入花椒种植区，参观花椒采收、加工、包装流水线工程，达到参观、科普教育的目的；开发食用、医药、化工、保健等附加值含量高的新产品，供游客现场体验。

采摘园：对部分农户小面积种植的草莓、蔬菜等地块改造为采摘园、农家菜园。配套围栏、主门、侧门、售卖过磅区、厕所、休闲区（榨汁机、桌椅）、采摘通道、活动区、仓库等设施。做好采摘园的布局规划，避免出现同一区域同类竞争。与周边大地景观结合，增强各个节点间的联通性，营造更好的采摘氛围。做足休闲品尝文章，增加游客停留时间，提高隐性收入。

生态循环农业园：以现有养殖大户为基础，在离居民区较远的坡地上建设种养生态循环农业园区。园区内建设生态家庭农场，联动周边农家乐与果蔬采摘园，让游客更深层次体验传统农耕文化。园区以奶山羊养殖为主，辅以牛、鸡、鸭等畜禽和猫、狗等常见动物。

（2）乡村旅游产品开发。充分利用现有资源和基础，开发花束、薰衣草精油、酵素、菜籽油、天齐花椒等特色旅游产品，通过媒体，尤其是网络微博、公众号、各大旅游 app 进行宣传。延伸传统农家乐"食宿"的价值链，学习南充市"吃农家饭、品农家菜、住农家屋、干农家活、娱农家乐、购农家品"的全新理念，深度挖掘乡村旅游市场需求。

三、乡村文化建设

❶ 公共文化服务设施建设

建文化广场 3 000 平方米，包括村中心广场 1 个、天坑文化广场 1 个、活动广场 1 个，分别位于村委会、天坑景区、天齐山庄前；文化中心图书馆 20 平方米；体育健身设施 10 套；文化活动室 1 个。组织村民纠纷调解队伍、文艺队伍、人文古迹研究队伍等公共文化服务类组织、队伍多个；充分挖掘地域传统文化、人文历史资源；不定期开展"整洁庭院评选""家风宣讲""新时代道德讲堂""大学生支教"等活动。丰富村民生活的同时，提高天井岸村社会文明程度，焕发乡村文明新气象。

❷ 历史文化资源挖掘与重现

（1）天坑周边旅游资源开发。在天坑北部，靠近村民居住区域建设景区入口，绕天坑一周建设游览步道，台阶环绕坑壁盘旋而下，直通坑底。坑底平整土地，修建硬化广场一个。在坑底建设历史文化体验区、科普教育区等场馆，丰富游客体验。利用坑内废弃旧窑洞、地坑窑，整体加固翻修，建成酒店、民宿，供游客休憩。

（2）五帝坛保护与修复。充分挖掘"池阳宫遗址"蕴含的时代特征，依照发掘出土的文物追溯遗址的历史渊源。以天坑（天齐公祠）为起点，连接子午峪玄都坛，贯穿西汉时期帝都长安南北建筑中轴线，延伸挖掘西汉时期建筑文化、探寻西汉统治者的阴阳思想及宇宙观并将其充分还原。

（3）古茶树保护。将古树资料收集整理，上报文保部门申请报备定级，按照《古树名木保护管理规定》，及时建立管护责任制度，明确管护单位。加强古茶树管护工作，定期施肥、修剪，更换营养、追肥、加大地表通气、扩大围护范围，确保古茶树的正常生长。确立管护责任人负责古茶树的日常监护管理工作，在古茶树生长环境变化、长势减弱或受损时，及时上报林业和草原局和管理负责部门。

四、乡村生态建设

❶ 山水林田湖草生态保护和修复

陡坡带退耕还林还草。对于坡度大于 25°的地带，不得进行土地整治、生产建设等相关活动，禁止开垦种植农作物。在台地边缘（沟边）2 米左右地带修建高 0.5 米的沟边梗，沟头上部 5～20 米处挖 2～3 条水平截水沟梗或断续式截水沟梗；坡面上种植草被或灌木，进行封坡育草，对于较陡峭的坡面先进行削坡，挖鱼鳞坑或水平阶整地，待坡面植被基本覆盖后开始造林；坡底结合土谷坊、柳谷坊工程造防冲林，将侵蚀沟由侵蚀型转化为生态保护型。

坡耕地水土保持措施。坡度适中的地带（15°～25°），水土保持措施主要为坡改梯和种植刺槐、沙棘、白杨等具有固沙保土作用的薪炭林或发展山地林果业、修建果树梯田。缓坡地带（5°～15°）水土保持措施主要为生物措施和耕作措施，如等高耕作，发展横坡耕作，拦截地表径流，发展沟垄种植、区田种植、圳田种植等水土保持种植方法。

❷ 农业绿色发展技术体系构建与完善

农业生产废弃物资源化利用。推进废旧农膜和农药等农业投入品包装废弃物回收处理，推进农作物秸秆、畜禽粪污的资源化利用。

在服务站内设立农用地膜、包装袋回收点，效仿生活垃圾"垃圾银行"运营模式，设立积分制度，开展"以旧换新""废物换商品"长期活动。农作物秸秆除还田外，还有用于制作加压成型燃料、有机肥、建材等多种利用方式，根据村民意愿、现有市场和渠道，在全村推行以肥料化为主，饲料化为辅，燃料、原料、基料化并存的多渠道资源化利用模式。

农田生态系统保护与治理。对村庄独立工矿区进行环保管控，禁止向农用地排放重金属或者其他有毒有害物质含量超标的污水、污泥，以及可能造成土壤污染的清淤底泥、尾矿、矿渣等；禁止将有毒有害废物用作肥料或者用于造田和土地复垦。

❸ 持续改善村容村貌

厕所革命。天井岸村整村位于塬上，规划期内不具备建设污水处理站的条件，按照不同卫生厕所类型特点，选择节水卫生的双翁漏斗式厕所和大容量三格式化粪池。将公厕保洁、设施设备管理维护纳入村庄保洁范围，配备一辆吸粪车、两名工作人员和1～2名维修技术人员。积极探索粪污资源化利用方式，利用废弃沼气池"沼改厕"，产生沼气用于日常生活用能，沼液沼渣还田利用。

污水处理。推进建设覆盖全村的生活污水输送管网，以组为单位铺设封闭管网，连通到就近污水收集池。在村东部天齐山庄与西部天坑周边建设两个高效藻类塘，以就近消纳未来增加的旅游人口带来的污水增长量。

生活垃圾处理。在村东北角设立生活垃圾转运站，便于向镇里转运。垃圾转运站应达到密封性好、分类储放垃圾的要求。村内生活垃圾户分类、村收集、镇转运。学习新兴镇焦寅村"垃圾银行"运营模式，每户下发垃圾分类桶，每小组安排1～2名环卫工，生活垃圾日产日销。可回收垃圾和有害垃圾按回收价值和对环境影响大小设置积分，在街道口明显位置设立可回收垃圾和有害垃圾回收点，主动上缴垃圾可获得积分兑换商品，同时方便往来游客。

村容村貌建设。全面做好"八清一改"和"八不八保"，加强中心村村容村貌建设管理。落实农村建房"一户一宅"和"建新拆旧"政策；全部硬化街巷道路和田间生产路并配套太阳能路灯；积极保护名胜古迹，对周边风貌进行整体提升；村文化广场活动设施器材翻新，做好广场周边绿化，满足村民平时休闲和集日、庙会或其他公共活动需要。

加强乡村绿化。以"两带三区"的空间格局开展绿化。做好东、西两个主要自然保留区沿线绿化工作，充分发挥台原地带生态观光功能，种植油松、白皮松、桦树等本地树种对沟道道路、村庄道路、沟渠进行绿化。鼓励村民在房前屋后种植瓜果蔬菜等经济作物和花椒、山楂等兼具经济效益和观赏价值的花木。在村庄沿线、沟畔、坡洼地见缝插绿，种植树木和花草，逐步形成"一路一景、三季有花、四季常青"的绿化景观。

第四节　实施计划与保障措施

一、强化组织领导

抓好村级班子建设，提高农村工作水平。加强换届后村级班子和后备干部的思想政治建设，加大培训力度，努力提升班子成员的综合素质和工作能力。加强党员队伍建设，坚持抓在日常、严在经常，不断规范党员教育管理工作，切实发挥党员先锋模范作用。要加大培训力度，采取以会代训、邀请专家教授讲座、举办县级示范培训班等，有计划地组织全体党员培训。加强基础保障，提高村干部待遇，给予干部成长空间，建立村干部工作档案，实行动态管理。让干部安心干事。要保障村级组织运转经费，让村集体能够有钱办事，有能力办事。要加强村级活动场所建设，增强场所功能，方便群众开展活动，实现有场所议事。

二、人才培训措施

村级人才培训重点是对本土人才进行培养，要善于从回乡大中专毕业生、返乡青年、退役军人等各类优秀农村青年中培养后备干部人才。通过加强后备干部的政治理论学习，培养青年干部的正气、才气、锐气；号召后备干部广泛学习各种知识，学习先进管理理念，积极参加县、镇举办的讲座，不断提高自身综合素质；让发展潜力大的年轻干部担任一定的重要职务，在实践中领会理论知识，增长技能；党支部负责人不定期找后备干部谈话，了解思想、工作状况，帮助后备干部认识不足，加以改进，让后备干部时时自重、自警、自省、自律，达到培育接班人的目的。

三、强化资金保障

完善资金投入机制，吸引更多的社会资本进入天井岸村乡村振兴示范村建设。首先构建渠道广泛的融资平台，建立多元化投入机制，以财政投入为导向，扩大招商引资，积极引导社会资本等外来资本投入，形成多渠道、多主体、多形式的多元化投入格局。其次在资金使用方面，成立专项资金管理部门，严格管理并控制资金的使用，加强监督，确保资金使用到位。

四、壮大集体经济建设措施

一是统一思想，提高认识，让全村干部群众深切意识到壮大集体经济的重要性，可以通过成功案例宣讲、示范村现状展示等途径调动全村积极性，营造良好的发展环境。二是全面清理财产，摸清村集体实有家底，做到账实相符；充分利用集体土地资源，提倡村民土地入股，与集体合作经营，收益分成；在政策允许下，兴建利于旅游业发展的店面房、基础设施。三是建立完善制度，加强村集体的资金管理，严格控制非生产性开支；通过民主选举，建立民主理财监督小组，加强对村财务的审核监督；深化财务公开、细化公开内容、扩大公开范围，真正做到财务透明。

五、农户利益保障措施

在乡村振兴建设过程中，突出农民主体地位，把保障农民利益放在第一位。坚持产业带动，通过统筹规划，合理布局，提高农民收入水平、改善农民生活条件、增强农民保障能力，真正实现农民富裕；加快构建促进农民持续较快增收的长效政策机制，延伸产业链、提升价值链、完善利益链条。集体带头成立合作社、公司，鼓励村民以土地入股、技术入股，成立村监督委员会对村民土地流转全程监督，避免因租金引发的纠纷；宣传农业保险，降低因个人原因、市场或灾害造成的种植风险。

六、巩固脱贫攻坚成果与乡村振兴的衔接

遵循五年过渡期政策，严格落实"四个不摘"要求，对脱贫户按致贫原因进行分类，对脱贫不稳定户、边缘易致贫户，以及因病因灾因意外事故等刚性支出较大或收入大幅缩减导致基本生活出现严重困难户做好返贫动态监测和帮扶工作。充分利用大数据等先进技术手段提升监测准确性，健全易返贫致贫人口快速发现和响应机制。促进脱贫人口稳定就业，在全村人居环境治理、乡村建设过程中广泛采取以工代赈方式，用好全村公益性岗位，健全按需设岗、以岗聘任、在岗领补、有序退岗的管理机制，过渡期内逐步调整优化公益性岗位政策。对丧失劳动能力或无法获得稳定收入人口，按规定纳入农村低保或特困人员救助供养范围。

第九章

生态保护性乡村综合体构建的实践及案例

——三原县陵前镇大寨村生态循环农业乡村综合体建设规划

大寨村位于陵前镇以南，红色文化底蕴深厚，渭北第一个农村党支部在此诞生，近年来大寨村积极推动产业结构调整，形成了经济林果、建材加工、红色教育等多元化产业发展格局，带动区域经济发展效果明显。立足新发展阶段，完整准确全面贯彻新发展理念，在全面推进乡村振兴战略的过程中，将通过产业振兴、人才振兴、生态振兴、文化振兴、组织振兴，把大寨村打造成为生态循环农业乡村综合体。

第一节　基本情况

一、振兴基础

大寨村位于陵前镇以南，距离陵前镇 2.2 公里，距离三原县城 21 公里，东依长坳村、口外村，南依铁家村、双槐村，西依曹师村、周西村，北依石马道村、陵前村、双胜村。全村有 5 个自然村，村域总面积为 5.05 平方公里。

二、存在问题

❶ 果树品种结构单一，管理方法传统落后

大寨村红富士品种占到 80％以上，而早中熟嘎拉、美国 8 号、陕嘎 3 号、富红早嘎等仅占 10％～15％，加工果汁的高酸度苹果更少。

❷ 樱桃成熟周期短，土地资源没有得到最大化利用

樱桃 3 月底开始开花，4 月到 5 月结果，5 月到 6 月成熟。樱桃成熟后采摘时间短，樱桃采摘完之后有很长的一段空闲期。

❸ 管理技术粗放，消费信用低

在针对病虫害等问题上，主要采取治病保果，使用农药等化学药品进行防治，在土壤肥力的改善上也多采取化学肥料的应用，这在很大程度上失去了消费者的青睐。

❹ 经营缺乏集体观念，无品牌理念

产品为原料型的初次产品，鲜果为主，无商标、无品牌、无标准、无产地、无包装，不能经过正规的程序进入超市、宾馆等大型消费市场，销售较为零散，不能产生规模效应，打出当地的品牌效力。

第二节　总体要求

一、指导思想

全面贯彻党的十九大和十九大以来历次会议精神，以习近平新时代中国特色社会主义思想为指导，坚定不移地贯彻落实习近平总书记"三农"工作重要论述，把乡村振兴战略作为党对"三农"工作的总抓手，紧紧围绕统筹推进"五位一体"总体布局和协调推进"四个全面"战略布局，结合近期中共中央国务院及相关部委和陕西省关于乡村振兴出台的若干文件，与三原县大寨村实际紧密结合，按照产业兴旺、生态宜居、乡风文明、治理有效、生活富裕的要求，突出大寨村产业发展基础好、红色底蕴深的特点，以农业绿色发展、农民全面发展、乡村美丽宜居为主线，高标准和高质量推进大寨村农业现代化、乡村治理体系和治理能力现代化、乡村服务能力现代化建设，打造"大寨模式"，创立"大寨标准"，推进大寨全面振兴。

二、规划原则

❶ 坚持党管农村、农民自治的原则

毫不动摇坚持党对农村的管理和领导。坚持加强和改善基层党委对农村工作的领导，通过政府引导、市场调节、社会参与的工作机制，集中精力、统筹资源、凝聚合力，充分调动社会资源，加快推进大寨村乡村振兴。

❷ 坚持因地制宜，确保可执行原则

依据大寨村历史地位和地貌特征，根据村庄资源禀赋、人文历史、发展水平等实际情况，因地制宜，找准着力点和突破口，科学制定发展措施，既符合三原县给村庄的发展定位，又注重前沿性科学性发展，确保规划方案的可实施性。

❸ 坚持整体布局，统一规划的原则

准确把握好大寨村生产、生活、生态空间，严守生态红线和永久基本农田保护红线，整体规划、科学准确布局，严格控制各类建设边界，避免过度开发，造成生态破坏。

❹ 坚持以农民为主体，共建共享原则

坚持以大寨人民为中心，把人民群众对美好生活的向往作为工作奋斗的目标，依靠樱桃产业和红色资源盘活大寨经济，推动农民自主创业，引导村民共建共治共享。并充分发挥耕读堂、农村能人和大学生队伍的引导和协调作用。

三、规划定位

❶ 上位规划解读

《〈三原县国民经济和社会发展第十四个五年规划纲要〉主要目标和重点任务分工方案》指出三原县着力构建形成"一心一区一廊三板块"空间布局。其中陵前镇位于北部生态农业板块，重点发展生态农业，推动农旅融合发展。"十四五"规划中着重强调，发挥三原渭北革命根据地的影响力，以渭北革命烈士纪念碑、红军改编八路军誓师抗日纪念碑等纪念地、标志物为载体，组织开展缅怀学习、参观游览的主题性旅游活动，促进革命传统教育与旅游产业发展结合，打造三原红色旅游新名片。积极推进一、二、三产业融合发展，加快完善农产品商贸物流、电商体系建设，推动农商融合。大力发展休闲观光农业，开发田园观光、果蔬采摘、民俗体验、乡村康养、民宿度假等业态。陵前镇基本形成了"立足渭北红色文化，发展乡村旅游，大力发展南木北果中工业"的产业发展思路，初步形成了果业、苗木、工业、红色旅游产业协调发展的产业发展新格局。

因此，大寨村建设要符合三原县及陵前镇对本村的发展定位，聚焦"红色旅游、林果产业、电商建设"。依托现有红色旅游资源、林果种植及电商资源等发展红色研学、林果采摘及电商经济。

❷ 发展重点指引

根据三原县整体规划政策、大寨村地理区位特点及产业发展要求，按照"红色铺路、林果架桥、电商融合"的发展思路，统筹村办、社会、农民三大主体，重点发挥大寨村林果产业带动作用，积极申请并打响"大寨红"优质地标产品；加强高校合作，培育新型职业农民；依托红色资源，打造极具特色红色研学路线；加大农村环境整治和美化；强化农村基层组织领导班子能力，建立选派工作机制，将大寨村建设成为关中地区生态循环农业乡村综合体。

四、规划目标

近期：2021—2025 年，乡村振兴收到显著成效。农村人居环境明显改观，城乡融合发展体制机制基本健全；苹果樱桃园新老品种迭代基本完成，"大寨红"采摘园名声响彻三原；乡风文明持续改善，弘扬大寨红色革命文化，红色血脉不断赓续，农民精神文化生活不断得到提升；生态宜居美丽乡村建设取得重大成果，污水处理、无害化厕所等基础设施基本实现自然村全覆盖；农村人均可支配收入达到 1.92 万元，农民收入持续增长。

远期：到 2035 年，乡村振兴取得战略性成果。农业农村现代化基本实现，农村落后面貌根本改变，城乡公共服务均等化基本实现，城乡融合发展体制机制更加完善；乡村产业现代化水平显著提升；乡风文明达到新高度，乡村治理体系更加完善，党的执政基础全面巩固；农业生态环境根本好转。整体实现组织振兴、生态振兴、文化振兴、人才振兴和产业振兴，农业强、农村美、农民富基本实现。

大寨村乡村振兴规划目标相关指标见表 9-1。

表 9-1　大寨村乡村振兴规划目标相关指标

一级指标	序号	主要指标	单位	2023 年目标值	2025 年目标值	属性
产业兴旺	1	农作物耕种收综合机械化率	%	50	58	预期性
	2	农产品质量安全例行监测总体合格率	%	100	100	预期性
	3	土地适度规模经营比重	%	70	90	预期性
	4	农业土地产出率	元/亩	>1 500	>3 000	预期性
	5	入社农户占总农户比重	%	75	90	预期性
	6	主要农作物有害生物绿色防控率	%	40	60	预期性

（续）

一级指标	序号	主要指标	单位	2023年目标值	2025年目标值	属性
生态宜居	7	村庄绿化覆盖率	%	65	85	预期性
	8	垃圾无害化处理率	%	100	100	预期性
	9	村庄污水处理率	%	90	100	约束性
	10	村庄集中式饮用水水源地水质达标率	%	100	100	约束性
	11	农村卫生厕所普及率	%	100	100	预期性
	12	秸秆综合利用率	%	100	100	约束性
	13	畜禽粪污综合利用率	%	90	100	约束性
	14	农网综合电压合格率	%	95	99	预期性
乡风文明	15	村综合性文化服务中心覆盖率	%	98	100	约束性
	16	农村居民教育文化娱乐支出占比	%	12	18	预期性
	17	农村义务教育学校专任教师本科以上学历比例	%	60	80	预期性
	18	农村人口受到初中以上教育比例	%	40	60	预期性
治理有效	19	村庄规划管理覆盖率	%	100	100	预期性
	20	乡规民约普及率	%	90	100	预期性
	21	"十星家庭"参评率	%	80	90	预期性
生活富裕	22	农村居民人均可支配收入增速	%	8	9	预期性
	23	农村居民恩格尔系数	%	33	29	预期性
	24	农村居民养老保险覆盖率	%	100	100	预期性
	25	农村居民人均可支配收入	元	13 867	19 200	预期性

第三节　重点建设任务

一、乡村总体布局

根据大寨村村庄整体面貌、产业及交通网络的空间特征，结合规划内容，大寨村乡村振兴总体空间布局围绕"一心一园一街两区"设计规划（图 9-1）。一心：红色党建乡村综合体中心；一园：林果新品种及智慧化种植推广示范园；一街：三马路红色电商街；两区：生态宜居生活区、"大寨红"采摘区。

图 9-1　乡村综合体空间布局

①　生产空间

重点发展白鹿大道东侧及三马路东侧集中连片林果区。建设"大寨红"采摘区和林果示范园。构建电商平台、培育本土网红，改建三马路已有物流设施，围绕三马路建设红色电商街。

②　生活空间

重点围绕三马路两侧、白鹿大道东侧及西渭高速连接线沿线村组，主要开展人居环境整治，公共基础服务设施提档升级等，建设生态宜居大寨村居民生活区。

③　生态空间

主要建设白鹿大道东部三胜村组道路和西渭高速连接线道路两旁的绿化，以及农田生态建设。

二、乡村聚落规划

❶ 乡村基础设施

生产道路建设。生产道路建设不但要满足机动车辆的通行，还要考虑村民的步行出行需求。根据村庄布局规划，将生产路分为主要道路、次要道路两种类型。主要道路：适用于生产田的主要干道，采用单幅路形式，路面宽 6~7 米，双向横坡，人行道宽 1.5~2.5 米，根据污水处理规划可设置雨污合流管道或带盖板的排水沟。图 9-2 为乡村道路设施建设规划。

图 9-2　乡村道路设施建设规划

给排水。农村供水管网按环状或环枝状相结合的形式进行改造，提高供水可靠性，保障水量、水压。按抄表到户要求，改造用户供水计量系统，推行阶梯收费，提倡节水。保障消防用水水压和水量，建设消防水池，同时现有天然水源作为备用，以确保农村水消防安全。村庄排水设施可纳入陵前镇城乡生活污水处理设施"统一规划、统一建设、统一运行、统一管理"，建立完善运行维护机制，实现长效管理全覆盖。

数字乡村建设。推进 5G 网络的建设和应用、广播电视基础设施建设、光纤网络入户与升级改造，逐步提升乡村网络基础设施水平与互联网基础服务普及度，实现数字广播电视户户通以及宽带上网城乡无差别。实现村内水利、公路、电力、冷链物流、林果产业等基础设施的智能化转型升级，能够使农业综合服务平台、智慧水利、智慧交通、智能电网、智慧农业、智慧物流等各个细分领域的数字化成果在乡村振兴战略的实施中发挥出应有的价值。

❷ 乡村服务设施建设内容

（1）创办公办标准化幼儿园。幼儿园规模为 6～12 个班，其中小班 25 人、中班 30 人、大班 35 人。园长 1 人，副园长 2 人，每班配幼儿教师 2 名，幼儿人均面积不低于 10 平方米，绿化覆盖率不低于 35％。

（2）完善大寨小学基础设施建设。建设标准化操场一个，包含 400 米标准田径场（内含标准足球场）1 个、游泳池 1 个，篮球场、排球场、网球场、健身器材区若干。配置智慧应用终端和数据采集设备，到 2025 年建成一批常态化录播室、智慧教室和 3DVR 教室。

（3）创建标准化卫生所。面积不低于 200 平方米，专职医生 1 名。诊断室、治疗室、观察室、妇检室、健康教育室、药房"五室一房"分设。配备供水设施、卫生间、宣传栏，不与乡村医生住宅相连或相近的村卫生所须设有值班室。

（4）完善村幸福院基础设施建设。幸福院配备厨房、餐厅、办公室、休息室、娱乐室和卫生间等。设置休息室 15 间，45 个床位，管理员 1 人，厨师 1 人，服务员 3 人。乡村服务设施建设布局规划见图 9-3。

三、产业提质增效

依托大寨村初具规模的樱桃苹果种植区域，采取示范带动、政策驱动、科技推动等有力措施，引进先进技术，用"智"提质，完成果园智慧升级，打响"大寨红"地标品牌，整合水利、道路交通、文化等一系列可利用资源，建设"大寨红"采摘区。完善基础设施建设，构建优质高效的农村公路网络，打造生态宜居村民生活区。依托红色村庄、红色足迹、红色历史、红色基因，整合白鹿大道、西渭高速连接线和三马公路电商街。推进农文旅融合激活采摘经济，借助电商东风助农销售促增收。乡村产业体系规划见图 9-4。

图9-3 乡村服务设施建设布局规划

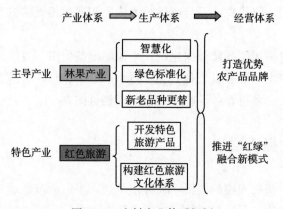

图9-4 乡村产业体系规划

❶ "大寨红" 采摘区

在白鹿大道东侧建设2 000多亩以采摘为特色，集生态、休闲、科普和耕读教育五位一体的现代农业生态景观园。经营方式：采用"党组织＋合作社＋项目公司＋农户"发展模式。采摘区分为一个中心、五大板块：游客服务中心、大棚樱桃采摘、露天樱桃采摘、早熟苹果采摘、晚熟苹果采摘、"同吃同住同劳动"红色文化体验区。

（1）游客服务中心。在西渭高速连接线附近三胜村组建设游客服务中心。设置有礼宾服务台，提供最全面的服务。中心服务设施，包括 LED 显示系统、放映系统、广播系统等。服务项目包括：免费项目——网络服务、咨询服务、影视放映、无障碍服务、休息区、母婴室、失物招领、投诉受理、手机充电、宣传资料、便民服务、广播服务、活动预告等；收费项目——旅游商品、旅游纪念品、医疗救助、咖啡茶饮、公用电话等。

（2）大棚樱桃采摘板块。建设面积为 200 亩，建设跨度 24 米、高 7 米的大跨度拱棚，采用物联网检测系统、精准施肥施药技术、保水保墒措施、肥水一体化管理技术。种植品种主要以早熟品种红灯、布鲁克斯为主。采摘季节为 2—3 月份。

（3）露天樱桃采摘板块。建设面积为 800 亩，主栽品种为中晚熟品种，中熟品种以艳阳、先锋等为主；晚熟品种主要以晚红珠为主。采摘季节为 5—6 月份。采摘园可以推出一系列优惠采摘活动，在线上发起"大寨樱雄"征集令、"红色樱雄"挑战赛、"打卡红色樱雄路"等丰富的文旅体验活动，力邀国内游客前来大寨采摘"打卡"。

（4）早熟苹果采摘板块。建设面积为 300 亩，种植早熟品种嘎啦，采摘季节为 7—8 月份。采用乔化密植丰产栽培技术，建立病虫害绿色防控体系。

（5）晚熟苹果采摘板块。建设面积为 300 亩，种植晚熟品种瑞阳、瑞雪，采摘季节为 10 月份。采用乔化密植丰产栽培技术，建立病虫害绿色防控体系。

（6）"同吃同住同劳动"红色文化体验区。在白鹿大道东侧三胜村村组附近，建设面积为 500 亩"同吃同住同劳动"红色文化体验区。深入发掘渭北第一农村党支部的红色历史，用大量的原始实物、老照片进行装扮，并在其中开展红色主题教育，包括入党誓词宣誓、党史故事讲解、情景剧表演等。开展厨艺大比拼、饺子自助、烧烤自助等活动，同时还设有民宿、会议室、棋牌室、KTV、红色文化长廊等设施。乡村产业体系布局图见图 9 - 5。

❷ 千亩林果新品种及智慧化种植推广示范园

林果园升级，用"智"提质，打响"大寨红"地标品牌。在三马路东侧建设 1 000 亩"智慧林果园"，并作为带动三原县林果产业升级的一块试验田。樱桃新品种：皇家黑兹尔、黑珍珠、桑提娜、塔玛拉等新培育及新引进品种。

图9-5 乡村产业体系布局图

栽培方式。推行减密间伐、有机化生产，推广使用生物有机肥，杜绝使用化学农药和化学肥料，养分依靠沼液、沼渣，病虫害防治借助物理防治、生物防治。采用地力质量提升技术、农水集约增效利用技术、绿色清洁生产循环技术。

智能技术升级。在蓄水池、地块、有机肥堆沤处铺设数据信息采集传感器，将酸碱值、水分、温度等数据自动传入信息采集平台。通过全天候田间管理影像监测，记录果树栽植、生长到开花结果的全程管理细节，可以有效地监控果品质量，做到果品信息可溯源。

③ 三马路红色电商街

规划区域位于大寨村三马路。沿街共计38家经营店面，16家小木屋门店。门店统一规划外墙立面和门头牌匾，入驻企业统一装修、统一配备电脑、统一形象宣传，以"大寨红"特色农产品为基础，依托现有电商经济基础和红色旅游资源创建红色电商街。乡村电商风貌设计见图9-6。

（1）"一村一品"。以陵前镇为单位，深入各村、农业合作社、农产品加工

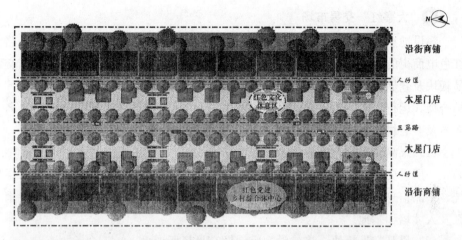

图 9-6　乡村电商风貌设计

企业等，挖掘"一村一品"特色农产品、美食产品等。由电商运营团队对搜集的产品进行全方位营销包装，包括品牌文化、包装设计、营销推广等。通过对产品的包装打造大寨村特色形象，以产品形象为基础，结合采摘园及红色资源，形成一个可供参观旅游的特色景色。

（2）一屋一网红。根据"一村一品"，在三马路电商街选择一间小木屋，根据所挖掘的特色产品、营销模式等对小木屋进行全方位的装修设计、产品布置设计等，打造各具特色的网红小木屋。每个小木屋将配备一名专职的网红工作人员，负责经营小木屋，包括小木屋的日常经营管理、配合网络直播推广、电商平台推广、团购客户推广等具体的销售执行工作。

❹ "大寨红"交易市场

建设地点位于陵前镇大寨小学附近，占地面积 7 亩左右，打造成为三马路红色电商街的后备仓库。交易市场将建设一个果品交易综合运营中心、果品交易板块及仓储物流区。将与三马路红色电商街有机融合，采用"线上＋线下"结合模式运行。市场管理方式将实行"三三制"，由村委 2 名干部、政府 2 名人员及 2 名村民代表共同成立管理委员会，负责市场管理及运营的相关事务。

（1）果品交易综合运营中心。在交易市场中心建设一栋二层的综合运营中心，一层主要配备农药残留检测系统、安全电子检测系统、电子信息显示系统、果品信息网站、电子公秤等设施。二层建设电商运营服务中心、电商展销区及人才培训基地。

（2）果品交易板块。将建设 8 个大棚交易场所。

（3）仓储物流区。建设 3～4 个仓储大棚，包括仓储、运输及露天停车场。图 9-7 为乡村物流仓储。

图 9-7 乡村物流仓储

四、乡村文化建设

❶ 红色研学路线设计

盘活大寨红色资源，弘扬红色文化、传承红色基因，重点打造"一碑一馆一树一区一市场"红色研学路线，构建"初心之旅、使命之旅、奋斗之旅"的红色教育环线。一碑：位于大寨村北部的渭北革命根据地烈士纪念碑。一树：古老的皂角树，高约三丈，树冠近四丈，直径达一米多，"农运大王"乔国桢就站在这棵皂角树下，慷慨激昂地向数千群众宣传共产党的革命宗旨，教唱《打倒列强》等革命歌曲，动员农民发展农民协会，团结起来开展农民运动。

❷ 红色研学设施建设

一馆：党史馆（三原县党史学习教育基地）。

一区："大寨红"采摘园中建设党性教育同吃同住同劳动红色文化体验区。

一市场："大寨红"交易市场。

（1）打造"身临其境"的教学阵地。借助信息化手段，运用声光电、5G＋VR等技术，让红色资源可见、可听、可感、可触摸，成为党员干部重温激情岁月、感怀时代变迁的体验地，聆听红色故事、致敬英雄模范的"打卡地"。

（2）开发"动之以情的精品课程"。变"理论灌输"为"故事感染"，联合党校、史志办等单位，搜集史实典故，梳理英雄人物事迹，设计特色课程。以红色故事经典情节为切入点，丰富表现形式，编排《乔国桢在大寨》情景剧、秦腔《红色渭北》，编印《红色行程 大寨印记》等学习教材，形成一批有深度、有厚度、有温度的党性教育专题，让党性教育鲜活起来、红色教育生动起来。

（3）做优"直抵人心"的现场教学。打破传统党课的单一授课方式，丰富系统讲解、案例分析、现场体验、互动交流等现场教学方式。开设《红色家书》《渭北革命精神》等激情澎湃的党课，唱响《跟着共产党走》《江山》等经典红歌，用真实生动、喜闻乐见的方式让党员群众听得懂、记得住。在"大寨红"采摘区开发"同吃同住同劳动"教学环节，把重温入党誓词、素质拓展训练、农务体验等融入课堂教学，增强党性教育感染力、说服力和穿透力。

（4）建强"专业专长"的讲解队伍。着眼培育一批政治过硬、业务精湛的讲解人才，通过外派学习、集中培训、以赛促训等方式，有效提升讲解员的政治素养、业务能力、服务水平。举办"弘扬渭北革命精神、讲渭北红色故事"实景党课竞赛、"初心永恒——红色记忆大讲堂"现场教学练兵，遴选15名优秀年轻干部担任特约讲解员。专题开展红色讲解员招聘活动，在全县范围内从各行各业中选拔一批优秀人才担任红色讲解员。实行岗位竞聘，创新"个人测＋学员评"考核机制，量化打分、动态排名，形成能上能下的激励机制。邀请县内老红军、老战士及其后人担任"初心分享员"，在各教学点开展访谈教学、讲述亲身经历，用身边人讲好身边事、用身边事感染身边人。

（5）激活"红色引领"的富民效应。依托红色资源、绿色林果，打响"大寨红"特色林果产品。开发具有本土"红色元素"文创产品，引导群众制作折扇、剪纸、挂件、布包、草帽等红色手工艺品，带动群众用巧手创造幸福生活。深入推动"红色＋旅游"行动，利用丰富的生态资源，有机串联现有红色景点，建成集观光、采摘、红色教育、餐饮为一体的红色党建乡村综合体。乡村旅游线路图见图9-8。

图9-8　乡村旅游线路图

❸ 公共文化服务设施建设规划

数字图书馆。建设以县图书馆为龙头，镇文化站为枢纽，村级农家书屋为基点，电子书借阅机为补充的全方位、多层次、宽领域的数字文化共享网络。数字图书馆涵盖全国各地的主流媒体、报刊，各种有声资源、展览、讲座、系列视频和公开课等资源，能满足不同人群的阅读需求。在大寨村安装电子图书借阅机10台，在村委会办公楼内建成电子阅览室1个。

五、乡村生态建设

❶ 农田绿色生产技术与防控

林果残枝资源化利用。利用果树枝条生产食用菌，所有果树的枝条经过枝条粉碎机粉碎后加工成木屑，可用于鲍鱼菇、香菇、杏鲍菇、金针菇、平菇、黑木耳等多种食用菌的生产。其次果树枝条还可以进行堆肥处理，主要以粉碎和高温高压蒸煮后发酵等方式，加工成有机肥。果树枝条还可加工成生态板材，利用果树枝条制造各类高档模材，水果香纸等。林果残枝资源化利用根本解决残枝可能带来的环境污染，而且增加农民收入，有利于农业的可持续发展。

畜禽粪污资源化利用，推广畜禽标准化养殖。大力推广"三改两分再利用"技术，推广种养结合、生物发酵床、生物膜曝氧等治理模式，加快推进畜禽养殖场标准化提升改造，大力推进畜禽养殖标准化示范创建工作。推进市场化运作机制，在养殖密集区建立粪污集中处理中心和分散养殖粪便储存、回收和利用体系，健全畜禽粪污收集、存储、运输、处理和综合利用全产业链。

加大农业生产过程中面源污染的防控。实施农田土壤整治与减肥减药工程。填埋无用沟渠，合并小田块，提高用地效率，布设滴灌或喷灌设施，实现节水精准灌溉。减肥减药，施用腐熟化处理的有机肥，加强缓释肥料、水溶肥料、专用肥、低毒低残留农药的推广。推广农业防治、生物防治、物理防治等绿色防控技术，推进统防统治与绿色防控相融合。

❷ 人居环境综合整治

污水生态处理。生活污水是乡村污水的主要部分。根据相关研究，生活污水中50％来自厨房与卫生间的洗涤、洗浴水组成的灰水，只有20％是冲厕污水。灰水水量大，污染物含量低，主要成分是氮、磷等植物需要的营养成分，基本不含有害病菌及有毒物质，完全可以通过植物吸收实现无害化处理。

公共生活空间美化。村庄公共活动空间应设置在人们活动频繁的场所，靠近村口或村中心，一般与村委会、村文化活动中心相结合，充分利用大寨村现存百年皂角树、三原县中心敬老院等处形成的开阔空间。村内主要公共活动场所设置健身器材，配套休息座椅、报刊栏和科普宣传栏，增设儿童游戏设施，合适位置种植乔木，形成舒适的林下空间。

第四节 实施计划与保障措施

一、实施计划

实施乡村产业振兴战略是一项系统工程，本规划方案的实施划分为三个阶段进行。各阶段的建设任务具体如下：

第一阶段：基础夯实阶段（2021—2022年）

村组织部署。成立组织领导机构，明确各成员单位相关工作人员目标和职责，制定近期行动方案，明确核心任务，召开乡村振兴专题会议，安排和部署各项措施落到实处。以"人地和谐、多产融合、三生共融"为理念，全面提升村域基础设施和人居环境，将大寨村打造成为集红色旅游、林果采摘为一体的休闲农业示范基地。发挥基层"党建＋"引领功能，依托现有林果种植现状，努力探索"大寨红"采摘经济、集体经济、三马路电商街等乡村发展的新模式，推动村庄环境提升和基础设施建设，营造良好的产业环境，为产业提升打下基础。

第二阶段：提档升级阶段（2022—2023年）

村庄人居环境明显改善，即村域统一规划并完善基础设施配套和监管制度，科学引导村庄建筑风貌改造和绿化美化。完善以村委会为基点的红色党建乡村综合体中心建设工程，完成"大寨红"采摘园、千亩新品种、智慧化林果种植示范园及三马路红色电商街等重点产业建设项目。到2023年11月基本完成乡村振兴目标任务。

第三阶段：全面振兴阶段（2024—2025年）

乡村振兴规划全部完成，以大寨村深厚红色文化为引领，生态环境持续改善，组织管理规范有序。以林果产业为主导产业，以红色旅游为特色产业的产业体系全面确立，三马路红色电商街的富民效益持续发力，林果新品种及智慧化种植推广园示范效果明显，形成功能上全面统筹、层级上全面联动的乡村振兴成功典型样板。

二、保障措施

❶ 强化组织领导

始终坚持"把解决好'三农'问题作为全党工作的重中之重"，坚持党总揽全局、建立健全党委领导、政府负责、乡村振兴办公室统筹协调、相关部门各负其责的领导工作体制。建立实施乡村振兴战略领导责任制，坚持乡村振兴重大事项、重要问题、重要工作由党组织讨论决定的机制。乡村振兴规划涉及多领域和多部门，为确保大寨村乡村振兴规划的有效实施，政府主要领导同志亲自挂帅，并建立强有力的组织、协调机构，党政齐抓共管，各部门分工负责，成员单位和项目单位共同参与。

❷ 人才培训措施

乡村振兴干部队伍建设。加强农村基层党组织建设，选优配强村"两委"班子，以晨钟村模式为参考，团结带领党员群众扎实推进乡村振兴。与西北农林科技大学开展合作，推进农村干部人才培养工程，建立村级后备干部人才库，加大在优秀青年农民中发展党员的力度。注重挂职锻炼作用，把到乡村一线工作锻炼作为培养提拔干部的重要途径，选拔优秀中青年干部充实乡镇，鼓励优秀人才向乡村流动。持续推进农村干部培训学院建设，认定挂牌一批农村基层党员干部教育培训示范基地。培养一支懂农业、爱农村、爱农民的"三农"工作队伍，带领群众投身乡村振兴的伟大事业。

❸ 强化资金保障

加大资金投入力度，建立以政府财政投入为主，企业、合作社、村集体经济组织和农民等投入为辅的多层次、多形式、多元化的筹融资机制，为落实三原县大寨村乡村振兴建设规划提供充足的资金支持。落实资金专项投入工作，政府加大对乡村公共服务事业的倾斜支持力度，确保公共服务经费投入的增加高于当年财政经常性收入的增长幅度，实现年度公共服务经费投入总量和增幅"双增长"。

❹ 壮大集体经济建设措施

大力盘活集体资产。进一步加强村集体资产清查工作，重点摸清闲置集体资产的基础数据和盘活要求。发挥"村资区管"作用，研究建立农村集体资产盘活场所，成立专门服务队伍，负责统筹盘活全区农村闲置集体资产；与县农村产权交易所加强合作，提高闲置集体资产盘活效率。

拓宽资金投资渠道。推进村集体经济组织与村委会账务分离。在农村基层党组织统一领导下，探索农村集体经济组织和村委会实行账务分离，明确村集体经济组织与村委会的财务往来关系；逐步增加政府对农村的公共服务支出，减少农村集体经济组织负担。推进村企合作经营。加大农村集体经济组织投资本金保障，稳步探索农村集体经济组织合作投资优质产业，获取市场投资收益。

⑤ 农户利益保障措施

推广"农民入股＋保底收益＋按股分红"等利益联结方式。农户以"入股"的形式，与农企、合作社、种植大户等合作，农民在合作过程中享受"保底收益＋分红"。农户把土地流转给农企或者合作社，获得"优先雇用＋社会保障"，流转合同到期后，土地仍然收归农户。探索实行"农民负盈不负亏"的机制。农民"入股"农企或者合作社，享有国家政策支持和财政补贴支持。确保农民在与农企、大户合作时，负盈不负亏。

第十章

特色产业主导型乡村振兴实践及案例

——三原县城关镇麦刘村特色农业乡村综合体建设规划

实施乡村振兴战略，是党的十九大作出的重大决策部署，是决胜全面建成小康社会、全面建设社会主义现代化国家的重大历史任务，是新时代"三农"工作的总抓手。麦刘村位于陕西省咸阳市三原县城关镇境内，是三原县确定的20个乡村振兴重点镇村之一，地域辽阔，主要种植蔬菜，计划将其建设成为三原特色农产品电商交易平台，主打高端蔬菜，打造为三原县的农产品电商基地，把麦刘蔬菜推向整个三原县，乃至关中地区。

第一节 基本情况

一、振兴基础

陕西省咸阳市三原县城关街道办麦刘村，位于三原县城以北城乡结合部，东经 $108°57'9.7''$，北纬 $34°39'25.6''$，毗邻县食品工业园区，距城关街道办 3 公里，总面积 2.7 平方公里。麦刘村由 5 个自然村组成，常住人口 540 户，2 380 人。常住人口中务农的 150 人左右，其他职业 500 人左右。外出打工人口里，省内打工 180 人，省外打工 120 人，国外上学或就业 8 人。2020 年村集体收入 26 万元，农民人均收入 18 960 元。

二、存在问题

（1）农业产业化水平较低。一是农业规模化水平低，麦刘村主要以蔬菜种植为主，农业生产规模小。二是农产品精深加工不足，蔬果品牌知名度和宣传力度较低，销售市场有限，农业产业链较短，难以扩大市场规模。

（2）基础设施建设滞后。麦刘村的部分基础设施建设及配套设施功能陈旧、老化，抵御自然灾害能力弱，基础设施制约了发展，难以实现城镇建设和推广旅游的共赢。

（3）品牌意识薄弱，营销机制有待提高。当前麦刘村的品牌意识较为薄弱。面对重大的发展机遇与动力，需要重新审视产业发展模式，形成品牌效应。通过推介会，让品牌走出去，强化宣传，加大营销力度，全力打造现代生态农业蔬菜示范园区。

第二节　总体要求

一、指导思想

深入贯彻落实党的十九大精神，学习习近平总书记来陕考察重要指示，坚持新发展理念，坚持农业农村优先发展，加快推进农业农村现代化，打造城市郊区乡镇乡村振兴的样板，引领关中地区城市、郊区、乡村的全面振兴发展。

二、规划原则

❶ 坚持党组织在乡村振兴中的领导地位

农村基层党组织在乡村振兴中处于领导核心地位，是农村各个组织和各项工作的领导核心，要贯彻实施党中央的决策部署，根据实际情况，认真谋划，推动实践，取得实效。要充分发挥基层党组织服务群众作用，切实发挥农民在乡村振兴中的主体作用，营造人人参与乡村振兴的良好氛围。

❷ 坚持推动生态振兴在乡村振兴中的基础作用

在乡村振兴的过程中，一方面要牢固树立绿水青山就是金山银山的核心理念，贯彻落实节约优先、保护优先、自然恢复为主的方针，统筹山水林田湖草系统整治，严守生态保护红线；另一方面要增强农业面源污染防治，完善以绿色生态为导向的农业政策支持体系，因地制宜发展绿色生态农业，同时要以乡村垃圾、污水治理、村容村貌提升为主攻方向，稳步有序推进乡村人居环境突显问题整治，推动美丽宜居乡村建设。

③ 坚持现代农业在乡村振兴发展中的引领作用

夯实现代农业生产能力基础，推进农业高质量发展，加强农产品品牌建设，引领农业生产性服务业健康发展，就必须加快农业现代化改造，立足精致发展，大力推广现代绿色生产技术，提升现代化生产服务水平，从"产业兴旺"切入，以"生活富裕"结局，让乡村振兴战略为农业现代化发展铺路，让农村真正做到振兴，农业切实得到发展，农民切实富裕起来。

④ 坚持农民在乡村振兴中的主体地位

农民是乡村的守护者，也是乡村村落和乡村文化的守护者。坚持农民的主体地位，是以人民为中心的发展观在乡村振兴战略中的体现，只有全面实现农民在乡村振兴中的主体地位，才能更好地发挥主体作用，使乡村振兴战略行稳致远。

三、规划定位

① 上位规划解读

《三原县"十四五"农业农村现代化规划》提出"两带两区多点"产业空间布局，其中"两带"是指在中南部的鲁桥、渠岸、城关、高渠、独李和陂西等具备天然富硒农产品生产条件的土壤地区，打造两条富硒农产品生产带。城关街道总体发展按照"一心一轴两翼、两廊多点支撑"布局推进，"两翼"中提到西部（五一、新立、麦刘等村）以精品、有机农产品为"先锋军"，以优质、无公害、绿色富硒农产品为"主力军"，塑造农产品中高端市场品牌形象。依靠现代科技延长产业链条，发展绿色农业、品牌农业、互联网农业，提升农业发展质量和效益。城关街道办麦刘村符合三原县对本村的发展定位。

② 发展重点指引

在综合研判《咸阳市城市总体规划（2015—2030）》《陕西三原城市总体规划（2010—2025）》的基础上，针对麦刘村当前的布局及区位优势，综合考虑该村全域发展水平及未来发展方向，以乡村振兴示范村为指引，创建陕西蔬菜生产标杆示范村，打造城乡交流服务区、现代生态农业蔬菜示范园区，将其建设成为陕西城市郊区乡镇乡村振兴的样板。

四、规划目标

到 2025 年，将麦刘村打造建设成为生态优美、产业强劲、城乡和谐的城市郊区乡镇乡村振兴样板村。形成以高端蔬菜种植、休闲农业、耕读教育为主的村庄片区品牌效应。全部实现生态宜居的美丽乡村建设，乡村基本公共服务水平得到进一步提高，乡村文明建设水平明显加强，实现城乡融合一体发展。规划主要指标表见表 10-1。

表 10-1 规划主要指标表

分类	序号	主要指标		单位	2021 年基期值	2025 年目标值	属性
产业兴旺	1	粮食综合生产能力		万吨	1 200	1 400	约束性
	2	农业科技推广投入		万元	5	40	预期性
	3	农产品加工产值与农业总产值比		%	10	30	预期性
	4	休闲农业和乡村旅游接待人次		万人	/	1.8	预期性
	5	蔬菜种植业（辣椒、番茄、豆角、芹菜、花白等）	面积	亩	2 300	2 300	预期性
			产量	吨	6 600	17 200	预期性
生态宜居	6	村庄绿化覆盖率		%	70	80	预期性
	7	生活垃圾是否统一收集处理		%	是	是	预期性
	8	生活污水是否随意排放		%	是	否	预期性
	9	废弃宅基地整治率		%	98	100	约束性
	10	农村卫生厕所普及率		%	90	100	预期性
乡风文明	11	村民平均受教育程度		—	初中	初中	预期性
	12	有线电视覆盖率		%	95	100	预期性
	13	农户互联网普及率		%	80	100	预期性
治理有效	14	村干部中大学生比例		%	10	30	预期性
	15	村民参与"一事一议"制度比重		%	80	100	预期性
	16	村规民约覆盖率		%	100	100	预期性
	17	村级网格化服务管理覆盖率		%	40	60	预期性
生活富裕	18	农村居民恩格尔系数		%	40	33	预期性
	19	农村居民人均可支配收入增速		%	8	12	预期性
	20	砖混结构人均住房面积		平方米	20	30	预期性
	21	贫困人口发生率		%	0	0	约束性

重点建设任务

一、乡村综合体布局规划

总体形成"一轴三区多点"的空间结构。"一轴"是裕原路交通发展轴，"三区"是现代农业蔬菜示范区、乡村康养休闲体验区、商贸物流区，"多点"为多个居民生活点。重点开展村庄空间布局规划、乡村产业体系构建、生态宜居乡村重要节点规划、相关配套政策和实施措施出台。图10-1为整体空间布局。

图10-1 整体空间布局

1 生产空间布局

南北向主道路两侧的农田为麦刘村的现代生态农业蔬菜示范园区，麦刘村南边地块发展为电商中心，实现农业生产规模经营、标准化生产，打造生产、运输一体化。同时，主干道两侧打造城乡交流服务区。由于麦刘村距县城较近，人流运输量大，在此建造民宿、采摘园、农家乐等经营模式，可以有利促进城乡交流。

2 生态空间

将村庄统一建设，对村庄道路两侧绿化树种进行规范统一，鼓励村民在房前屋后进行绿化种植，小规模种植蔬菜瓜果等。村中污水排放规范，但要对发生管道拥堵情况及时派人维护，劝告村民不要将废弃物扔进管道内。村中定点摆放垃圾桶，鼓励村民垃圾分类，推动村中资源环境的可持续发展。

3 生活空间

生活空间分布在主干道东西两侧，在充分考虑群众生活习惯的基础上，统筹农村住房布局，按照上位规划确定的农村居民点布局和建设用地管控要求，在宅基地上按标准统一规划、统一建设、统一改造。麦刘村村民生活区布局图见图10-2。

图10-2 麦刘村村民生活区布局图

二、村庄建设规划

1 乡村风貌管控设计

加强乡村绿化。鼓励村民在房前屋后、庭院内外，栽种瓜果、蔬菜等经济作物，发展庭院经济。也可在村庄道路两旁、房前屋后栽种百日菊、鸡冠花等花种。

开展村庄美化行动。将村庄主要道路作为提升的重点，对主要街道的沿街立面进行统一规划改造，对原有房屋沿街立面进行清洁，沿街院落围墙墙体进行立面美化。对沿街门窗进行统一粉刷、更换。村委会周围以及被胡乱张贴小广告的墙体上绘制道德实践文化墙，主题上紧扣乡愁，使乡土气息更加浓重。对村庄出入口建立村庄标识，对其及周围进行绿化美化。

推进乡村美丽庭院建设。组织开展"美丽庭院"创建工程，通过宣传发动、现场学习、开展"最美庭院"评比等形式，引领广大农户，从自身做起，从家庭做起，清理自家庭院垃圾、杂物、规整物品堆放等，实现环境卫生清洁美观、摆放有序整齐、栽花植树绿化、院落设计协调。村民住房建设示意图和太阳能屋顶见图 10-3、图 10-4。

② 乡村基础设施规划

到 2025 年，农村基础设施全面升级，农村厕改取得重大进展，卫生厕所普及率达 100%，农村污水处理体系逐渐完善，实现雨污分排，道路排水设施分类推进，污水处理率达到 95%，电力供应更加稳定完善，网络通信全面提升。

关中—01号农房

关中—02号农房

关中—03号农房

关中—04号农房

关中—05号农房

关中—06号农房

关中—07号农房

关中—08号农房

图 10-3 村民住房建设示意图

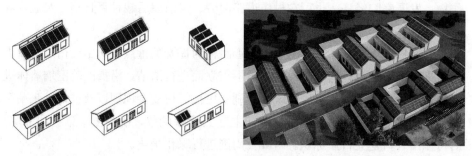

图 10 - 4　太阳能屋顶

（1）道路体系建设。按照主干路、村内道路、农田生产路分类分级实施规划，清查村域内破损、颠簸路段，及时修缮，重点解决道路坑洼不平、路面乱石抛洒物多、路边乱堆乱放等突出问题，安排专人加强道路巡查力度，路面不得堆放建筑垃圾、打谷晒场，要保证路面整洁、坚实、安全、畅通。

（2）给排水体系建设。更新改造老旧给水设备、供水管网，降低漏损，继续扩大集中供水受水区域，定期对饮用水进行水质检测，切实保障居民饮用水安全。加强农田水利建设，对影响灌溉和排水的渠道清淤、扩宽，确保排灌设施正常运行，实现旱涝保收，同时完善农村水价水费形成机制和管理运营机制，保障村民用得上水、用得好水、用得起水。

（3）电力系统建设。联合电力部门，开展村内电网整治工作，排除电力隐患，移除废弃电线、电杆等，更换老旧电网设备，解决"电杆多、线缆杂"等问题，增加电力设施警示牌，开展电杆美化行动。

（4）智慧乡村建设。完善电信服务设施，加快乡村基础设施数字化、网络化、智能化转型步伐，深入实施信息进村入户工程、5G 和光纤网络建设的农村全覆盖，推动实现农村地区水利、公路、电力、冷链物流、农业生产加工等基础设施的数字化。

（5）乡村亮化工程建设。把乡村亮化工程建设作为确保群众出行安全的着力点，严格规范工程建设各项程序，对乡村亮化工程建设标准、质量全面把关，在乡村道路、广场等地段安装太阳能路灯，让夜晚的乡村成为美丽乡村的一道靓丽风景，点亮了村民的新生活。

❸ 乡村服务设施建设内容

教育设施建设：完善麦刘村小学基础设施建设，创建"智慧校园"示范学校。建设一个标准化操场，包含标准田径场（内含标准足球场）、游泳池、篮球场、排球场、网球场、健身器材区。着力构建集课堂教学、教师研修、学生学习、管理评价、学校安全管理等一体化智能化的校园环境。

养老设施建设：在村委会旁边规划建设一所幸福院（图10-5），配备厨房、餐厅、休息室、活动室和卫生间等，设置休息室15间，45个床位，管理员1人、厨师1人、服务员3人。推进农村幸福院等互助型养老服务发展，支持社会力量兴办养老服务设施。

图10-5 幸福院建设效果图

医疗设施建设：麦刘村内现有四个卫生室，基本能满足村民医疗需求，但乡村医疗卫生服务体系建设中依然存在一些问题，主要表现为基础建设不完善，医疗设备不够齐全；从业人员素质不高，技术力量薄弱。加大对医疗卫生体系建设的投入力度，通过给予乡村医疗机构设备购置、修缮等必要的发展建设资金，落实基础设施建设项目配套资金。

乡村文化设施建设：加强农村文化阵地建设，依托村委会、原有村广场或村内交通便利的大面积空地建设乡村文化苑，积极组织开展文体表演、道德宣讲、科普等活动，配备各种健身器材、宣传栏定期更换宣传健身、饮食、养生、最新"三农"政策、科技信息等最新讯息。

商贸物流区设施：构建现代物流基础设施体系和现代物流运营体系，实施绿色环保、高速畅通、成本低廉物流发展战略；发挥麦刘村物流的生产性服务业功能，打造成为三原北郊核心物流区。有利于促进三原县的产品结构调整，积极推进第三方物流，降低企业运营成本，提高企业综合效益，促进三原县的经济发展和共同繁荣。同时充分发挥电商平台优势，帮助本区域特色农产品对外销售，通过互联网平台、直播带货进行商品线上展示、咨询答疑、导购销售的新型销售方式，对乡土农产品、乡土文化和乡镇产业资源进行宣传、整合、营销。图10-6为电商服务中心建设效果图。

图10-6　电商服务中心建设效果图

三、产业提质增效规划

❶ 现代农业蔬菜示范区规划

（1）2 000平方米智能玻璃联栋温室建设。智能联栋温室，采用全玻璃覆盖，顶部使用5毫米单层钢化浮法玻璃，正端面采用5＋9＋5双层中空玻璃。温室立柱高度为8米，脊高8.9米。建设占地2 000平方米的智能联栋温室（图10-7），主要进行蔬果的新产品引进与育苗。重点引进番茄、草莓、火龙果、百香果、芒果、香蕉西葫芦、拇指西瓜、彩虹西瓜、四色圣女果、小桔瓜、拇指黄瓜、水果黄瓜、樱桃、油桃、葡萄、彩椒等新奇特农产品。也可以使用优质育苗基质、无菌化处理穴盘等最先进育苗技术和一流基础设施，增设环境传感器，实施智慧化管理，以常规种子育苗和新科技育苗结合的方式进行产苗工作，以满足周边发展蔬菜瓜果生产的常规产品与新奇特农产品的需求。

图 10-7　智能连栋温室效果图

（2）50座大拱棚建设。采用9米跨度2米高、7.66米跨度2.7米高两种棚型，长度随地块的长度，一般是100米或50米。采用改进的塑筒固膜办法及系列新技术的推广应用，使大弓棚一茬农膜多年可用，进行春提前、夏不去膜遮阴防雨和秋延后两大茬生产，效益较之以前翻番。

（3）50亩"麦刘云农场"。设计"云农场"App，以"私人订制"的方式打造出"乐享农耕体验园"。客户可在云端操作，花钱承包一块菜地，从品种选择、种植管理到果实收获，一系列操作皆可通过手机 App 完成，并可以24小时线上直播观看蔬菜的长势，提供线下体验农夫的机会。承包地农产品成熟后，可提供送上门服务，实现动动手指，就能完成食材从田间地头到餐桌的生产过程。图 10-8 为"麦刘云农场"建设效果图。

❷ 乡村康养休闲体验区

乡村康养休闲体验区按"多点一线"布局，即在沿裕原路一线，发展多点的农家乐和民宿，以满足乡村旅游吃住的需要。农民利用自家院落以及依傍的

图 10-8 "麦刘云农场"建设效果图

田园风光或是自然景观，以低廉的价格吸引城市居民前来吃、住、游、玩、购的旅游形式。

（1）庭院式民宿建设。以现有村民新建住宅为依托，着力打造 100 个庭院式现代化民宿，基于现有两层独立住宅院落进行设计，提供住宿、休闲、康养、体验等服务项目，同时结合现代设施农业新鲜蔬果等配套现代化智能厨房系统；不同区域可打造成以亲子、休闲、养生为主题的院落民俗，满足不同游客需求。图 10-9 为民宿建设效果图。

图 10-9 民宿建设效果图

（2）城郊田园社区式养老院建设。按照"政府补助＋企业运作"的思路，建设集居住、休闲、疗养、专业医疗护理＋农事体验为一体的养老院，老人可在此学习家庭园艺、园艺技能，体验插花、种菜、陶塑、编草鞋等，将现代化的养老服务设施与乡村原生态和休闲农业体验相互融合，立志打造三原一流的生态宜居健康养老社区（图 10-10）。

图 10-10　养老社区建设效果图

　　（3）耕读文化体验园建设。展示农耕文化（农历、农事操作方式和农机具等），普及传统农业生产知识，丰富游客体验，增加游客满意度。并在旁边设置儿童游乐设施（滑滑梯、跷跷板、荡秋千等），开展器材租赁服务；开辟沙场乐园，供孩子玩乐，体验融入泥土的乡村生活。

　　（4）无公害蔬菜自助采摘园。依托日光节能温室，打造无公害蔬菜自助采摘园。满足来往游客动手采摘瓜果，感受农家生活乐趣和地道民俗文化。开心农场建设效果图见图 10-11。

图 10-11　开心农场建设效果图

四、乡村文化建设

按照乡村振兴战略总要求，坚定文化自信，提升村民文化素质，以村规民约、家风家训为突破口，大力培育文明乡风、良好家风、淳朴民风，全面提升村民的思想道德素质和农村社会文明程度。

到 2025 年，乡村文化振兴战略的工作格局基本形成，农民文明素质和农村社会文明程度显著提升，社会主义核心价值观在农村公共文化服务设施全覆盖。

❶ 乡村思想道德建设规划

营造文明建设氛围。在村里的主要道路、村委会广场等地方利用墙绘、宣传栏、横幅等，大力宣传中国特色社会主义、道德经典、文明礼仪、农耕文化、农业科技文化等。

发挥典型带动作用。开展道德模范、身边好人、文明家庭、十星级文明户、美德少年评选推荐，让核心价值观具体化、形象化。

开展道德实践活动。组织开展"优良家风家训""五好家庭""好儿女""好媳妇""好婆婆"等群众性精神文明创建活动。

❷ 乡村移风易俗建设规划

修订完善村规民约。村规民约和家训是传统文化的重要组成部分，要发挥"两约"在维护乡村文明传承和秩序中的作用。结合麦刘村实际情况，在充分征求村民意见的基础上，制定村规民约。

建设群众自治组织。通过建立村民理事会、道德评议会、红白理事会三个群众自治组织，积极发挥其在春花相逢、培育新风中的重要作用。村民理事会组织协调村务工作，调解、化解民间纠纷，引导村民和睦团结。

❸ 公共文化服务设施建设

农村文化阵地建设。依托村委会、原有村广场或村内交通便利的大面积空地建设乡村文化苑，积极组织开展文体表演、道德宣讲、科普等活动，配备各种健身器材，宣传栏定期更换宣传健身、饮食、养生、最新"三农"政策、科技信息等最新讯息。

有声乡村建设。用互联网方式改造村里传统的大喇叭，创新基层融媒体建设，让村民有了更多选择。运用全新的互联网智能广播，依托喜马拉雅平台海量优质有声内容，为村民提供了更丰富的内容选择。

五、乡村生态建设

以建设美丽宜居村庄为导向，坚定践行绿水青山就是金山银山的理念，加大生态保护与修复力度，统筹山水林田湖草系统治理，不断推动形成绿色发展方式和生活方式，优化生活空间，做到宜居适度。优化生态空间，做到山清水秀，生态宜居宜人。

到 2025 年，全村生态宜居建设水平取得阶段性重要进展。农业废弃物资源化利用水平进一步提升；农业投入结构更加科学，农药、化肥投入量稳步减小，有机肥、生物农药使用量明显提高；麦刘村垃圾、污水处理全覆盖；农村无害化卫生厕所普及率达到 100%，秸秆综合利用率 95% 以上，农用残膜回收率 95% 以上。生态保护力度不断加强，生态环境质量稳步提升。

❶ 山水林田湖草生态保护和修复

耕地保护与修复工程。通过开展耕地质量监测、耕地质量调查与农田环境评价，研究开发和试验推广有机废弃物无害化处理与农业资源化利用、耕地修复与改良综合技术，以有效地控制农业面源污染，防治耕地退化，保护和恢复农业生态环境，实现农业可持续发展。

农田生态系统保护与修复工程。以自然资源保障经济发展与维护生态环境的平衡关系为核心，重点解决自然生态系统萎缩、退化、破碎、污染及生物多样性降低等问题，采取以自然恢复为主，与人工修复相结合的方式，恢复自然生态系统，防止自然生态系统退化，持续提升自然生态系统的完整性与稳定性。针对土地资源粗放无序利用、农业生态系统退化、景观格局破碎和农村人居环境恶化等问题，从农业生态系统的整体性和区域自然环境的差异性出发，稳定优质农田格局，修复受损的国土空间，提高资源利用效率和持续性。

❷ 农业绿色发展技术体系构建与完善

农业面源污染治理。推进农药、化肥的减量增效行动。推广应用现代高效植保机械，全面提高农药利用率。推广测土配方施肥技术，村域主要农作物实现测土配方施肥全覆盖。建立棚膜、地膜回收利用试点，引导村组建立回收网点，采取以旧换新、政府补贴等模式。鼓励种植大户、农民合作社、企业等新型经营主体从事废旧农膜的回收与加工，进一步探索废旧农膜回收利用的市场化机制。

农业废弃物的资源化利用。农作物秸秆处理以还田利用为主，育苗、种植栽培基质利用、秸秆饲料化为辅。秸秆还田主要采用直接粉碎还田、炭化还田和与畜禽粪污混合堆肥后还田三种方式。鼓励群众利用秸秆做基料，发展食用菌产业。拓展秸秆饲料化利用途径，大力推广秸秆"三贮一化"（青贮、黄贮、微贮、氨化）技术和秸秆养殖技术，变废为宝，增加农民收入。

③ 人居环境综合整治

乡村垃圾治理。各村布设相应的垃圾桶或垃圾箱，设置村规民约牌及标语，对垃圾分类处理。将农村生活垃圾分成五大类。一是可回收物，二是有害垃圾，三是湿垃圾，四是干垃圾，五是炉渣、陶瓷及渣土、砖瓦等建筑垃圾，落实绿色发展理念，推进农村生活垃圾减量化、资源化、无害化处理。垃圾分类收集效果图见图 10 - 12。

图 10 - 12　垃圾分类收集效果图

乡村生活污水治理。得益于麦刘村紧邻三原县城的位置优势，麦刘村五个村民小组已有四个村民小组完成并网处理，本着"就近就便、节约资源、科学处理"的原则，继续加强农村生活污水处理体系投入，加快建设城乡并网的污水配套管网，完善管理维护机制，实现污水管网处理的持续有效运转。另外，积极实施农村雨污分流工程，雨水通过管道或沟渠收集，可用于农田灌溉，在减轻污水排放压力的同时提高资源利用率。

乡村厕所治理。通过政策引导、资金补助、规范标准等方式持续推进"厕所革命"，完成家庭厕所的改建及农村公共厕所的建设，做到改厕与农村生活污水治理有效衔接，积极推进现有设施联合运行，有效提高污水收集率和粪污资源化利用率。图 10-13 为乡村厕所改造效果图。

图 10-13　乡村厕所改造效果图

第四节　实施计划与保障措施

一、实施计划

实施乡村产业振兴战略是一项系统工程，本规划方案的实施划分为三个阶段进行。各阶段的建设任务具体如下：

第一阶段：基础夯实阶段（2021—2022 年）

依据规划目标，打好基础，整合全村资源，摸清排查全村现有耕地情况、合作社数量及规模效益、劳动力人口、村集体资金等现状数据，建立档案；通过开会、组织宣讲、布告栏展示、广播播放多种方式，强调乡村振兴建设的必要性和迫切性，广泛征集意见，调动村民积极性；完成现有建设工作，针对现有人居环境整治、道路绿化、农田建设等项目，依照预计时间节点按时完成；按照规划内容分类立项，积极申请资金项目，积极与县镇、高校科研院所对接，大力申报科技推广示范项目，推动村庄环境提升和基础设施建设，营造良好的产业环境，并进行重点项目年度进度安排。在实现 2022 年规划目标的基础上，为 2025 年、2035 年和 2050 年的中长期建设目标准备好坚实条件。

第二阶段：提档升级阶段（2022—2023 年）

以 2022 年的预期目标为基础，推动麦刘村产业提档升级，全面开启各重要项目建设。以设施蔬菜为主导，以休闲农业和商贸物流业为辅助的"1＋2"新型产业体系初步构建，人居环境进一步改善，百姓收入持续增加，蔬菜品牌加快孵化，休闲农业稳步推进，乡村振兴取得较大突破。

第三阶段：全面振兴阶段（2024—2025 年）

到 2025 年，乡村振兴规划全部完成，"一主两辅"产业体系趋于成熟；农民收入水平显著提升；农村人居环境更上一层楼；乡风文明程度达到新高度；"自治、法治、德治"相互协调的乡村治理体系基本健全；乡村产业、文化、生态、人才、组织全面振兴。

二、保障措施

❶ 强化组织领导

加强麦刘村党组织建设，村党支部书记要起到带头作用，认真贯彻落实党的方针政策、公正廉洁、勇于开拓、敢于创新、乐于奉献，带领人民群众发家致富。通过优势互补的原则组建村班子，聚集各项优势资源，做好示范带头作用，充分发挥基层党组织的战斗堡垒作用和党员先锋模范作用，提高整个班子的行动力，更好地吸引并带动农民群众，激发并汇聚成发展合力带领群众投身乡村振兴伟大事业。要把实施乡村振兴战略摆在优先位置，强化主体责任和主要负责人第一责任制度，加强对实施乡村振兴战略的工作指导和推进。

❷ 人才培训措施

加强职业技能培训，提升科学文化素质。大力组织开展经营管理和专业技能人才职业教育。加强农业科技文化素质、产业关键技术及经营管理等方面的培训，根据麦刘村产业所需人才，定期对麦刘村的蔬菜种植户、现代化粮食种植户等从业人员进行免费的理论教学和技术指导，培养一批农民人才。

❸ 强化资金保障

加大资金投入力度，建立以政府财政投入为主，企业、合作社、村集体经济组织和农民等投入为辅的多层次、多形式、多元化的筹融资机制。进一步拓宽财政支农资金的渠道，建立涉农资金统筹整合长效机制，加大政府新增财力向"三农"倾斜力度，切实落实土地出让收入优先支持乡村振兴建设。

❹ 壮大集体经济建设措施

继续发展壮大麦刘村以"党支部＋集体经济组织＋贫困户"的新型经营模式，按照"支部引路、党员带路、产业铺路"的办法，实行点对点的精准帮扶，进一步激发发展内生动力，发挥资源聚集效应，拓宽群众增收致富渠道，发展壮大村级集体经济。

图书在版编目（CIP）数据

乡村综合体构建的理论与案例：基于村庄发展建设规划理论与实践 / 冯永忠著. —北京：中国农业出版社，2023.6
ISBN 978-7-109-30933-3

Ⅰ.①乡…　Ⅱ.①冯…　Ⅲ.①乡村规划—研究—中国　Ⅳ.①TU982.29

中国国家版本馆 CIP 数据核字（2023）第 137028 号

中国农业出版社出版

地址：北京市朝阳区麦子店街 18 号楼
邮编：100125
责任编辑：王秀田　　　文字编辑：张楚翘
版式设计：小荷博睿　　　责任校对：刘丽香
印刷：北京中兴印刷有限公司
版次：2023 年 6 月第 1 版
印次：2023 年 6 月北京第 1 次印刷
发行：新华书店北京发行所
开本：700mm×1000mm　1/16
印张：13.75
字数：240 千字
定价：88.00 元